"十三五"高等职业教育规划教材

HTML5+CSS3+JavaScript
网页设计教程

孙 欢　李宏霞　主　编

青 梅　李 娜　副主编

李亚嘉　陈俊义　参　编

U0316898

中国铁道出版社有限公司

CHINA RAILWAY PUBLISHING HOUSE CO., LTD.

内 容 简 介

本书从网页设计基础内容入手，对学生必备的 HTML5 基础语法相关知识结合大量例题加以详尽讲解，同时在每章内容之后选择具有代表性的实训项目，使学生充分运用 HTML5 的基本知识，培养学生的程序设计思路、方法与技巧，使知识在潜移默化中得以内化，大大降低了学习难度。同时，为了激发学生的学习兴趣，书中所有实训项目均只提供运行结果以及相关制作视频，提高学生自主学习能力、独立思考能力和创新能力，充分挖掘其潜能。本书更加侧重于讲解网页设计基本技能，充分考虑教师教学所需内容，因此，在 HTML5 部分只涉及基础知识，同时加入 CSS3 以及 JavaScript 相关知识，对于 HTML5 更多的其他功能并不涉及，在学习过本教材内容作为基础之后，可自行研究其他更深内容。

本书适合作为高职高专院校计算机、电子商务、多媒体、网络技术等相关专业的教材，也可作为信息技术培训机构的培训用书，还可作为网页设计与制作人员、网站建设与开发人员、多媒体设计与开发人员的参考书。

图书在版编目（CIP）数据

HTML5+CSS3+JavaScript网页设计教程/孙欢，李宏霞主编. —北京：中国铁道出版社，2018.11（2021.1重印）
"十三五"高等职业教育规划教材
ISBN 978-7-113-25019-5

Ⅰ.①H… Ⅱ.①孙… ②李… Ⅲ.①超文本标记语言-程序设计-高等学校-教材②网页制作工具-高等学校-教材③JAVA语言-程序设计-高等学校-教材 Ⅳ.①TP312.8②TP393.092

中国版本图书馆CIP数据核字(2018)第229274号

书　　名：HTML5+CSS3+JavaScript 网页设计教程
作　　者：孙 欢　李宏霞

策　　划：尹 鹏　王春霞　　　　　　　　　　　　编辑部电话：（010）63551006
责任编辑：王春霞　贾淑媛
封面设计：刘 颖
责任校对：张玉华
责任印制：樊启鹏

出版发行：中国铁道出版社有限公司（100054，北京市西城区右安门西街8号）
网　　址：http://www.tdpress.com/51eds/
印　　刷：三河市宏盛印务有限公司
版　　次：2018 年 11 月第 1 版　2021 年 1 月第 2 次印刷
开　　本：850 mm×1 168 mm　1/16　印张：16.25　字数：405 千
印　　数：2 001 ~ 3 000 册
书　　号：ISBN 978-7-113-25019-5
定　　价：43.00 元

编 委 会

前　言

HTML5 是面向计算机相关专业的一门专业基础课程，具有很强的基础性和实践性。通过本课程学习，学生能够了解 HTML5、CSS3 以及 JavaScript 的相关概念及基础知识，并熟练掌握设计与实现网站前台的方法。学习本课程可为后续其他网站程序设计课程的学习打下必要的基础。

几乎所有高职院校计算机相关专业均开设 HTML5 相关课程，本课程教学存在的普遍现象是：当学习 HTML5 的知识时感到并不难，但在应用这些知识来解决实际问题时却发现力不从心，学生不仅不能熟练运用所学知识设计页面，而且在考试时往往感到茫然而不知所措，也导致了实际教学效果与教学目标存在相当大的差距。如何培养学生的网页设计编程能力以及网页前台设计能力？ HTML5 中什么样的知识是必须具备的，什么样的知识是可以在未来需要时逐步补充的，什么样的知识又是完全可以忽略的？

为了解决以上问题，本书从网页设计基础内容入手，对学生必备的 HTML5 基础语法相关知识结合大量例题加以详尽讲解，同时在每章内容之后选择具有代表性的实训项目，在实训过程中培养学生的程序设计思路、方法与技巧，使学生在潜移默化中将 HTML5 的基本知识得以内化，大大降低了学习难度。同时，为了激发学生的学习兴趣，书中所有实训项目均只提供运行结果以及相关制作视频，以提高学生的自主学习能力、独立思考能力和创新能力，充分挖掘其潜能。同时，本书更加侧重于讲解网页设计基本技能，并充分考虑教师教学所需内容，因此，在 HTML5 部分只涉及基础知识，同时加入 CSS3 以及 JavaScript 相关知识，对于 HTML5 更多的其他功能并不涉及，学生可自行研究。

本书实例都是在 Notepad++ 中编辑，使用谷歌浏览器调试的。本书编者均为长期从事 HTML5 程序设计课程教学的一线教师，非常了解初学者学习 HTML5 的难点，在多次制定教学大纲、编写讲义、辅导学生竞赛、编写相关实验指导书的过程中积累了丰富的教学经验。本书概念清晰、结构合理、内容严谨、讲解透彻、重点突出、示例典型、实用性强。教师可采取多种方式使用本书，在讲授时可以根据学生的背景知识及给定的学时数来进行内容的取舍。为方便教学，本书配有丰富的教学资源，包括：课件、授课计划、所有程序源代码素材等，如需索取请发送电子邮件到

nmsunhuan@163.com，或从中国铁道出版社网站 http://www.tdpress.com 下载。

本书由呼和浩特职业学院计算机信息学院孙欢老师和李宏霞老师担任主编并负责策划、编写和统稿，呼和浩特职业学院计算机信息学院青梅老师和李娜老师担任副主编，呼和浩特职业学院李亚嘉老师、陈俊义老师参与编写。其中，孙欢编写第1、2章以及附录；李宏霞编写第3、8章；青梅编写第6章；李娜编写第7章；李亚嘉编写第5章；陈俊义编写第4章。孙欢负责统稿，孙欢、李宏霞负责校对。

另外，本书在编写和出版过程中得到了北京易第优教育有限公司的李剑华老师和高洛峰老师以及呼和浩特职业学院教务处相关老师的大力支持，本书在编写过程中还参阅并引用了一些文献的研究成果，在此一并表示衷心的感谢！

由于编者学识水平有限，书中的疏漏和不足之处在所难免，恳请同行专家和读者不吝赐教，在将来修订本书时作为重要的参考，也便于编者提高水平。欢迎您将对本书的意见和建议发送给我们，我们的电子信箱是 nmsunhuan@163.com。

编　者
2018 年 8 月

目 录

◆入门篇◆

◆进阶篇◆

第3章　层叠样式表CSS3 62

◆ 提 高 篇 ◆

入门篇

本篇带着读者从零开始认识 HTML，了解 HTML 背景知识以及发展过程，制作第一个 HTML 页面并认识 HTML 代码的基本结构，了解 HTML5 的新特性，并且在了解概述知识的基础上具体学习 HTML 页面各个元素的标签及其属性，以及网页中表单的设计。学习过本篇内容，读者可使用 HTML 实现页面基本内容。

第1章

HTML5 概述

学习目标

- 了解 HTML 背景知识。
- 掌握 HTML 页面设计的基本结构。
- 了解 HTML5 的新特性。

1.1 HTML 背景知识

互联网上的页面也被称为 Web 应用程序，其使用 Web 文档也就是网页作为用户界面供用户操作，而 Web 文档都遵循标准 HTML 格式。HTML5 是目前主流的 HTML 标准。从 1990 年网页诞生之初，经过多年发展，互联网已经发生了翻天覆地的变化。原有的标准已经不能满足各种 Web 应用程序的需求。本章就和读者一起来了解一下最新的 HTML5 标准的概貌。

1.1.1 什么是 HTML

HTML（HyperText Markup Language，超文本标记语言），是网页的本质。之所以称为超文本标记语言，是因为文本中包含了所谓"超链接"点。HTML 可以结合使用其他的 Web 技术（如：脚本语言、公共网关接口、组件等）创造出功能强大的网页。用 HTML 编写的文件扩展名是 .html 或 .htm，这种网页文件的内容通常是静态的。

HTML 中包含很多 HTML 标记，它们可以被 Web 浏览器解释，从而决定网页的结构和显示的内容。具体标记语法格式如下：

```
< 标记名 > 数据 </ 标记名 >
```

或：

```
< 标记名 />
```

以上列出 HTML 标记的两种类型标签的基础语法格式，其中第一种通常称为双标签，而第二种则称为单标签。在 HTML 标记中绝大多数为双标签。在单标签结尾处出现的"/"可以省略。

1.1.2 HTML 的历史

1990 年，欧洲原子物理研究所的英国科学家 Tim Berners-Lee 发明了 WWW（World Wide Web）。通过 Web，用户可以在一个网页里比较直观地表示出互联网上的资源。因此，Tim Berners-Lee 被称为互联网之父。

最早的关于 HTML 的公开描述是由 Tim Berners-Lee 于 l991 年发表的一篇叫做《HTML 标签》的文章，其中描述了 18 个元素，这就是关于 HTML 的最简单的设计。其中的 11 个元素还保留在 HTML4 中。而公认的超文本标记语言第一版是在 1993 年 6 月由互联网工程工作小组（IETF）发布的。

该工作组于 1995 年完成了 HTML2.0 设计，并于同年发布了 HTML3.0，对 HTML2.0 进行了扩展。随后几年由 W3C 推荐了 HTML3.2、HTML4、HTML4.01 等 HTML 标准。其中 HTML4.01 发布于 1999 年，直到现在仍然有大量的网页是基于 HTML4.01 的，因此是到目前为止影响最广泛的 HTML 版本。

2004 年，超文本应用技术工作组（Web Hypertext Application Technology Working Group，WHATWG）开始研发 HTML5。2007 年，万维网联盟（World Wide Web Consortium，W3C）接受了 HTML5 草案，并成立了专门的工作团队，于 2008 年 1 月发布了第 1 个 HTML5 的正式草案。

尽管 HTML5 到目前为止还只是草案，离真正的规范还有相当的一段路要走，但 HTML5 还是引起了业内的广泛兴趣，Google Chrome、Firefox、Opera、Safari 和 Internet Explorer 9 等主流浏览器都已经支持 HTML5 技术。

2010 年，时任苹果公司 CEO 的乔布斯发表了一篇名为《对 Flash 的思考》的文章，指出随着 HTML5 的完善和推广，以后再观看视频等多媒体时就不再依靠 Flash 插件了。这引起了主流媒体对 HTML5 的兴趣。

W3C CEO Jeff Jaffe 博士表示："HTML5 将推动 Web 进入新的时代。不久以前，Web 还只是上网看一些基础文档，而如今，Web 是一个极大丰富的平台。我们已经进入一个稳定阶段，每个人都可以按照标准行事，并且可用于所有浏览器。如果我们不能携起手来，就不会有统一的 Web。"

HTML5 还有望成为梦想中的"开放 Web 平台"（Open Web Platform）的基石，如能实现可进一步推动更深入的跨平台 Web 应用，预期要到 2022 年才会成为 W3C 推荐标准。HTML5 无疑会成为未来 10 年最热门的互联网技术之一。

1.2 HTML 基本结构

HTML 文档都具有一个基本的整体结构，即超文本标记语言文件的开头与结尾标志，以及超文本标记语言的头文件与文件体两大部分。文件头中提供了文档标题，并建立 HTML 文档与文件目录间的关系；文件体部分是 Web 页的实质内容，它是 HTML 文档中最主要的部分，其中定义了 Web 页的显示内容和效果。

有三个双标记用于页面整体结构，基本的 HTML 结构标记如表 1-1 所示。

表 1-1　基本的 HTML 结构标记

结构标记	具 体 描 述
<HTML>…</HTML>	它们用来描述超文本标记语言文件的开始和结尾
<HEAD>…</HEAD>	描述文件头部分的开始和结束。HTML 文档的头部中可以包含脚本、CSS 样式表和网页标题等信息，它本身不作为内容来显示，但影响网页显示的效果。这里指的脚本通常是 JavaScript 脚本，具体情况将在第 4 章介绍；关于 CSS 样式表的具体情况将在第 3 章介绍
<BODY>…</BODY>	标记文件体部分的开始和结束

【例 1-1】　在页面中显示"Hello World！"具体代码如下：

```
<html>
    <head></head>
    <body>
        Hello World!
    </body>
</html>
```

以上例题中使用了三个基础结构标签，并在页面中显示 Hello World！，运行结果见图 1-1。

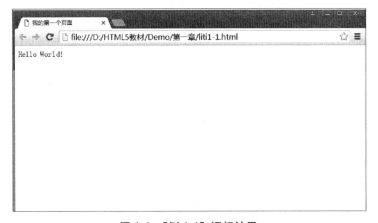

图 1-1　【例 1-1】运行结果

1.2.1　HTML 标签

<html> 和 </html> 是网页文件的最外层标签，HTML 文件中所有的内容都应该在这两个标记之间。<html> 标签告诉浏览器这个 HTML 文件的开始点，</html> 标签告诉浏览器这是 HTML 文件的结束点。

读者可查看一些网站，并在网页空白处右击，查看网页源文件，不难发现，所有网页的 HTML 代码主题部分都是以 <html> 作为开始，以 </html> 作为结尾的。

1.2.2　head 标签

位于 <head> 和 </head> 标签之间的内容是网页头部分相关信息，<head>…</head> 放在 <html> 元素的最上面使用，头信息不会显示在浏览器窗口中，但会影响网页内容显示。

网页头部分主要包括网页的一些基本描述的语句，用于说明文件的标题和整个文件的一些公共属性，例如声明网页的标题和关键字等。在 <head> 元素中会包含一个 <title> 元素以指示文档的标题，也包含 <base>、<object>、<link>、<style>、<script>、<meta> 元素等内容。

使用 <title>…</title> 标记定义网页标题，它的内容显示在网页窗口的标题栏中，网页标题可被浏览器用作书签和收藏清单。

网页头部分还可以包含的标签有：

- <base>：用于定义页面链接标签的默认链接地址。
- <link>：用于定义一个文档和外部资源之间的关系，最常见的用途是链接样式表。该元素始终是空元素，它仅包含属性，浏览器会分析 <link> 中的内容，自动读取并加载相应的文件。
- <meta>：提供有关页面的元信息（meta-information），比如针对搜索引擎和更新频度的描述和关键词，也能够提供文档的作者、描述、编码和语言等多种元信息，但不包含任何内容。该标签位于文档的头部，可以包含任意数量的 <meta> 标记。该标签的属性定义了与文档相关联的"名称 / 值"对，来定义文件信息的名称、内容等。这个标记是实现元数据的主要标记，通过该标记中的 http-equiv、name、content 属性，可以建立多种多样的效果和功能。
- <script>…</ script>：用于定义客户端的脚本文件，例如嵌入 JavaScript。
- <style>…</ style>：用于定义 HTML 文档的样式文件，例如使用 CSS 样式。

【例 1-2】　在页面中显示"这是我的第一个 HTML 页面！"，具体代码如下：

```
<html>
    <head>
        <title> 我的第一个页面 </title>
        <meta charset="utf-8">
        <meta name="description" content=" 例题 1-2">
        <meta name="Keywords" content="HTML 页面 " />
    </head>
    <body>
```

```
        这是我的第一个 HTML 页面！
    </body>
</html>
```

【例 1-2】的运行结果见图 1-2。

图 1-2 【例 1-2】运行结果

1.2.3 body 标签

<body>…</body> 标签是 HTML 文件的主体标记，网页中显示的实际内容均包含在此标记符之间，是用户能够在浏览器主窗口中看到的。例如，文字、图片、链接、表单等都需要声明在这个标记中。该元素出现在 <head> 元素之后。

在【例 1-1】和【例 1-2】中可以看出，在 <body>…</body> 标签中的内容可以在浏览器中显示，被用户看到。

1.2.4 HTML 其他语法规则说明

① 在 HTML 文档中，标记元素忽略大小写，即 <HTML>、<Html>、<html> 作用是相同的。

② 在 HTML 文档中，可以使用 <!--…--> 标记文档中的注释部分，省略符号代表的部分不会被解析。注释可以在文档的任意位置使用。

③ 在文档中出现的所有符号，均应为半角符号。

④ 在页面中显示某些符号内容时需要使用特殊符号（实体符）进行定义，例如：空格使用 " " 进行定义；"<" 使用 "<" 进行定义；">" 使用 ">" 进行定义；等等。

⑤ HTML 标签除了可以通过定义标签实现功能之外，还可以通过在标签中添加标签属性来定义标签内容的相关说明。使用属性的标记语法格式如下：

```
< 标记名 属性 1=" 属性值 1" 属性 2=" 属性值 2" … > 数据 </ 标记名 >
```

或：

```
< 标记名 属性 1=" 属性值 1" 属性 2=" 属性值 2" ... />
```

从 HTML4.01 开始,标签的"呈现属性"都可以使用 CSS 统一替代,所以不赞成使用。在 HTML5 中当然更不建议使用标签的自身属性设置样式。有 4 个通用的属性,在 HTML 的标签中单独使用没有意义,这 4 个属性通常结合 CSS 和 JavaScript 使用,具体见表 1-2。

表 1-2　标签的 4 个常用属性

属　　性	描　　述	属　　性	描　　述
id	设定标签的 ID	class	设定标签样式的类选择器
name	设定标签的名称	style	设定标签样式属性

1.2.5　HTML 文档的运行流程

HTML 文档的运行流程如下:

① 在编辑器中编辑在 HTML 文件。编辑器可以使用微软自带的记事本或写字板,当然,也可以使用其他文本编辑器,或者 Dreamweaver 等专门的网页编辑工具软件。Dreamweaver 属于所见即所得软件,其与普通文本编辑器相比,开发速度更快,效率更高,且直观表现更强,任何修改只需要刷新即可显示。缺点是生成的代码结构复杂,不利于大型网站的多人协作和精准定位等高级功能的实现。

② 保存 HTML 文件。存盘时请使用 .htm 或 .html 作为扩展名,这样就方便浏览器认出,直接解释执行。

③ 在浏览器中运行 HTML 文件,即可看到运行效果。

④ 如果修改 HTML 文件内容,需要再次保存文件,并在浏览器中刷新页面。

【例 1-3】 修改【例 1-2】,在页面中显示"你好,这是我的第一个 HTML 页面!",具体代码如下:

```html
<html>
    <head>
        <title>我的第一个页面</title>
        <meta charset="utf-8">
        <meta name="description" content=" 例题 1-2">
        <meta name="Keywords" content="HTML 页面 " />
    </head>
    <body>
        你好, 这是我的第一个 HTML 页面!
    </body>
</html>
```

【例 1-3】是对【例 1-2】的修改,首先修改 HTML 源文件并保存,之后在浏览器中刷新页面即可看到修改后的页面效果。

1.3 HTML5 新特性

1. 简化的文档类型和字符集

<!DOCTYPE> 声明位于 HTML 文档中最前面的位置，它位于 <html> 标签之前。该标签告知浏览器文档所使用的 HTML 或 XHTML 规范。

在 HTML4 中，<!DOCTYPE> 标签可以声明 3 种 DTD（Document Tyep Definition，文档类型定义）类型，分别表示严格版本（Strict）、过渡版本（Transitional）和基于框架（Frameset）的 HTML 文档。

（1）HTML4 严格版本（Strict）DTD

DTD 是一套关于标记符的语法规则。DTD 是一种保证 XML 文档格式正确的有效方法，可通过比较 XML 文档和 DTD 文件来查看文档是否符合规范、元素和标签使用是否正确。使用 DTD 版本的 <!DOCTYPE> 标签的语句如下：

```
<!DOCTYPE html
    PUBLIC "-//W3C//DTD XHTML 1.0 Strict//EN"
    "http://www.w3.org/TR/xhtml1/DTD/xhtml1-strict.dtd">
```

在上面的声明中，声明了文档的根元素是 html，它在公共标识符被定义为"-//W3C//DTD XHTML 1.0 Strict//EN"的 DTD 中进行了定义。浏览器将明白如何寻找匹配此公共标识符的 DTD。如果找不到，浏览器将使用公共标识符后面的 URL 作为寻找 DTD 的位置。

如果需要干净的标记，避免表现层的混乱，可以使用此类型。

（2）HTML4 过渡版本（Transitional）DTD

过渡版本 DTD 可以包含 W3C 所期望移入样式表的呈现属性和元素。如果用户使用了不支持层叠样式表（CSS）的浏览器，那么 HTML 文档就不得不使用 XHTML 的呈现特性了，此时请使用过渡版本 DTD。定义过渡版本 DTD 的代码如下：

```
<!DOCTYPE html
    PUBLIC "-//W3C//DTD XHTML 1.0 Transitional//EN"
    "http://www.w3.org/TR/xhtml1/DTD/xhtml1-transitional.dtd">
```

（3）HTML4 基于框架（Frameset）DTD

如果希望在网页中使用框架，请使用过渡基于框架 DTD。定义过渡基于框架 DTD 的代码如下：

```
<!DOCTYPE html
    PUBLIC "-//W3C//DTD XHTML 1.0 Frameset//EN"
    "http://www.w3.org/TR/xhtml1/DTD/xhtml1-frameset.dtd">
```

（4）HTML5 的 <!DOCTYPE> 标签

HTML5 对 <!DOCTYPE> 标签进行了简化，只支持 HTML 一种文档类型。定义代码如下：

```
<!DOCTYPE HTML>
```

之所以这么简单，是因为 HTML5 不再是 SGML（Standard Generalized Markup Language，标准通用标记语言，是一种定义电子文档结构和描述其内容的国际标准语言，是所有电子文档标记语言的起源）的一部分，而是独立的标记语言。这样设计 HTML 文档时就不需要考虑文档类型了。

（5）HTML5 的字符集

如果要正确地显示 HTML 页面，浏览器必须知道使用何种字符集。HTML4 的字符集包括 ASCII、ISO-8859-1、Unicode 等很多类型。

HTML5 的字符集也得到了简化，只需要使用 UTF-8 即可，使用一个 meta 标记就可以指定 HTML5 的字符集，代码如下：

```
<meta charset="UTF-8">
```

2.　HTML5 的新结构

HTML5 的设计者们认为网页应该像 XML 文档和图书一样有结构。通常，网页中有导航、网页体内容、工具栏、页眉和页脚等结构。HTML5 中增加了一些新的标记以实现这些网页结构，这些新标记及其定义的网页布局如图 1-3 所示。

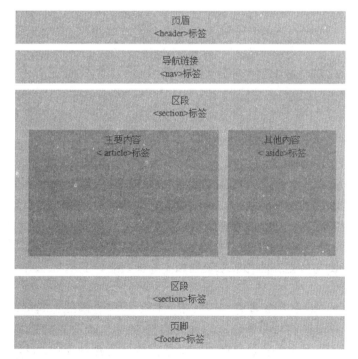

图 1-3　HTML5 网页结构

图 1-3 出现的 HTML5 结构新标签简介如下：

- <section>标签用于定义文档中的区段，如章节、页眉、页脚或文档中的其他部分。
- <header>标签用于定义文档的页眉（介绍信息）。
- <footer>标签用于定义区段(section)或文档的页脚。通常，该元素包含作者的姓名、文档的创作日期或者联系方式等信息。
- <nav>标签用于定义导航链接。
- <article>标签用于定义文章或网页中的主要内容。
- <aside>标签用于定义主要内容之外的其他内容。

3. HTML5 的新增内联元素

HTML5 新增了几个内联元素（inline element），内联元素一般都是基于语义级的基本元素。内联元素只能容纳文本或者其他内联元素。新增的内联元素，将在第 2 章 2.1.8 节中介绍。

4. 支持动态页面

HTML5 提供了很多新特性，可以使创建动态 HTML 页面更方便。例如 HTML5 支持菜单、右键菜单等功能，这一内容将在第二章 2.1.9 节中介绍。

5. 全新的表单设计

HTML5 支持 HTML4 中定义的所有标准输入控件，而且新增了输入控件，从而使 HTML5 实现了全新的表单设计。

6. 强大的绘图和多媒体功能

HTML4 几乎没有绘图的功能，通常只能显示已有的图片；而 HTML5 则集成了强大的绘图功能。在 HTML5 中可以通过下面的方法进行绘图：

- 使用 Canvas 动态地绘制各种效果精美的图形。
- 绘制可伸缩矢量图形（SVG）。

借助 HTML5 的绘图功能，既可以美化网页界面，也可以实现专业人士的绘图需求。

7. 打造桌面应用的一系列新功能

在传统的 Web 应用程序中，数据存储和数据处理都由服务器端脚本（如 ASP、ASP.NET 和 PHP 等）完成，客户端的 HTML 语言只负责显示数据，几乎没有处理能力。

因此，使用 HTML4 打造桌面应用是不可能的。而 HTML5 新增了一系列数据存储和数据处理的新功能，大大增强了客户端的处理能力，足以颠覆传统 Web 应用程序的设计和工作模式。甚至使用 HTML5 打造桌面应用也不再是天方夜谭。

HTML5 新增的与数据存储和数据处理相关的新功能如下：

（1）Web 通信

在 HTML4 中，出于安全考虑，一般不允许一个浏览器的不同框架、不同标签页、不同窗口之间的应用程序互相通信，以防止恶意攻击。如果要实现跨域通信只能通过 Web 服务器作为中介。但在桌面应用中，经常需要进行跨域通信。HTML5 提供了这种跨域通信的消息机制。

（2）本地存储

HTML4 的存储能力很弱，只能使用 Cookie 存储很少量的数据，比如用户名和密码。HTML5 扩充了文件存储能力，可以存储多达 5 MB 的数据。而且支持 WebSQL 和 IndexedDB 等轻量级数据库，大大增强了数据存储和数据检索能力。

（3）离线应用

传统 Web 应用程序对 Web 服务器的依赖程度非常高，离开 Web 服务器几乎什么都做不了。而使用 HTML5 可以开发支持离线的 Web 应用程序，在连接不上 Web 服务器时，可以切换到离线模式。等到可以连接 Web 服务器时，再进行数据同步，把离线模式下完成的工作提交到 Web 服务器。

8. 获取地理位置信息

越来越多的 Web 应用需要获取地理位置信息，例如在显示地图时标注自己的当前位置。在 HTML4 中，获取用户的地理位置信息需要借助第三方地址数据库或专业的开发包（例如，Google Gears API）。HTML5 新增了 Geolocation API 规范，可以通过浏览器获取用户的地理位置，这无疑给有相关需求的用户提供了很大的方便。

9. 支持多线程

提到多线程，大多数人都会想到 Visual C++、Visual C# 和 Java 等高级语言。传统的 Web 应用程序都是单线程的，完成一件事后才能做其他事情，因此效率不高。HTML5 新增了 Web Workers 对象，使用 Web Workers 对象可以在后台运行 JavaScript 程序，也就是支持多线程，从而提高了加载网页的效率。

10. 废弃一些标签和属性

HTML5 在新增一些标签的同时，也废弃了 HTML4 中的一些标签，在设计网页时应注意不要再使用这些废弃的标签。具体内容将在第 2 章 2.1.10 节中介绍。

1.4 支持 HTML5 的浏览器

尽管 HTML5 目前还只是草案，但它已经引起了业内的广泛重视，对 HTML5 的支持程度已经是衡量一个浏览器的重要指标。

目前绝大多数主流浏览器都支持 HTML5，只是支持的程度不同。访问网址 http://html5test.com/ 就可以测试当前浏览器对 HTML5 的支持程度，例如使用 Chrome 66.0 访问网址 http://html5test.com，进行测试得分为 520（满分为 555），如图 1-4 所示。

可以看到，目前 Google 的 Chrome 对 HTML5 支持是非常好的，本书后面的实例大多使用 Chrome 浏览器来测试和演示效果。

相信所有的主流浏览器厂商都会越来越重视 HTML5，这个测试的结果也会是动态变化。读者在阅读本书时也可以亲自加以测试。

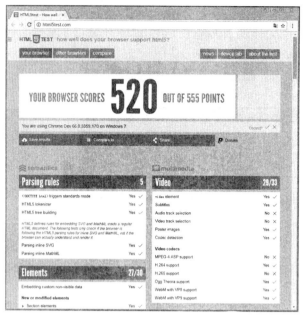

图 1-4　Chrome 66.0 测试结果

1.5 实训项目

项目视频
1-1

项目一

① 项目要求：在页面中显示自己的学号和姓名。

② 项目说明：

本实训项目需要使用 HTML 网页设计的基本结构标签，页面中具体显示的内容则不做统一要求。

③ 运行结果如图 1-5 所示。

图 1-5　项目一运行结果

项目二

① 项目要求：在页面中显示"这是一个 HTML 实训项目"，并为页面添加描述信息"项目二"和关键字"HTML"。

② 项目说明：

本实训项目是在项目一的基础之上，运用 head 部分的其他常用标签设计实现的，例如网页标题、网页描述、字符集等相关标签。运行结构与项目一类似，可以看到页面显示内容有所不同，同时，不难看出 head 部分内容是不显示的。

项目视频
1-2

③ 运行结果如图 1-6 所示。

图 1-6　项目二运行结果

练 习 题

1．单选题

（1）网页是基于浏览器的，它的基本语言是（　　　）。

  A．html   B．xml   C．asp   D．xhtml

（2）以下标记符中，用于设置页面标题的是（　　　）。

  A．<title>   B．<caption> C．<head> D．<html>

（3）以下标记符中，没有对应的结束标记的是（　　　）。

  A．<body>   B．
   C．<html> D．<title>

（4）用于标记 HTML 文档的开始和结束的 HTML 结构标记为（　　　）。

  A．<html>…</html>   B．<head>…</ head >

  C．<body>…</ body >   D．<title>…</ title >

（5）在 HTML 文档中表示注释部分的结构标记为（　　　）。

  A．'   B．#   C．//   D．<!--…-->

2. 判断题

（1）HTML 标记符的属性一般不区分大小写。　　　　　　　　　　（　　）

（2）所有的 HTML 标记符都包括开始标记符和结束标记符。　　　（　　）

（3）使用 HTML 编写的文件扩展名为 .html 或 .htm。　　　　　　（　　）

（4）HTML 标签中绝大多数为单标签。　　　　　　　　　　　　　（　　）

3. 多选题

（1）下列（　　）扩展名可以告诉 Web 浏览器该文件是 HTML 文件。

　　　A．doc　　　　　B．txt　　　　　C．htm　　　　　D．exe　　　　　E．html

（2）以下关于 HTML 描述正确的是（　　）。

　　　A．HTML5 是目前最新的 HTML 标准

　　　B．HTML5 是在 HTML4.01 基础上改进的

　　　C．HTML 语言中定义功能通过标签实现

　　　D．HTML 标准还在修改中

4. 填空题

（1）HTML 是 _____（即超文本标记语言）的缩写，它是通过嵌入代码或标记来表明文本格式的国际标准。

（2）HTML5 对 <!DOCTYPE> 标签进行了简化，只支持 _____ 一种文档类型。字符集也进行了简化，只需使用 _____ 即可，使用一个 meta 标记就可以指定 HTML5 的字符集。

5. 简答题

简述 HTML5 的新特性。

第2章

HTML 基础

学习目标

- 了解 HTML 基础标签的功能。
- 掌握 HTML 基础标签的应用方法和常用属性。
- 掌握 HTML 表单的设计方法。

对于初学者而言，在学习 HTML5 之前需要了解一些 HTML 语法的基础知识。HTML5 是在 HTML4.01 的基础上进行升级和扩充的，它保留了大多数 HTML4 的标签和功能。因此，为了便于读者全面了解 HTML5，本章首先介绍 HTML4 的基础知识，这些内容也是进行 HTML 编写页面和阅读代码的基础。之后会在学习 HTML4 基础知识之后介绍 HTML5 的新特性。

2.1 HTML 基础标签

2.1.1 设置页面背景和颜色

在设计网页时，显示内容在 <body>…</body> 标签中设置，但是在设置之前首先需要设置网页的属性。常用的网页属性见表 2-1。

① bgcolor 属性用于设置页面背景颜色。

② text 属性用于设置页面中的默认文本颜色。在 HTML 页面中有多种表示颜色的方法，以下列出 3 种基本方法：

表 2-1　常用的页面属性

属　　性	说　　明
bgcolor	页面的背景色
text	页面中文本的颜色
background	页面的背景图像

- 颜色名：16 种颜色名被 W3C 的 HTML4 标准支持，它们分别是：aqua、black、blue、fuchsia、gray、green、lime、maroon、navy、olive、purple、red、silver、teal、white、yellow。使用以上颜色名称可直接用于对 HTML 页面中的元素进行颜色赋值。
- 颜色值：更加丰富的颜色需要由一个十六进制符号来定义，这个符号由红色、绿色和蓝色的值组成（RGB）。每种颜色的最小值是 0（十六进制：#00）。最大值是 255（十六进制：#FF）。例如：红色格式为"#ff0000"；绿色格式为"#00ff00"；蓝色格式为"#0000ff"；黄色格式为"#ffff00"；紫色格式为"#ff00ff"；黑色格式为"#000000"；白色格式为"#ffffff"。
- rgb 函数：rgb 函数表示颜色的语法格式如下：

```
rgb( R,G,B )
```

其中，三个参数正整数的取值范围均为 0~255，百分比的取值范围为 0.0%~100.0%，R 表示红色的取值，G 表示绿色的取值，B 表示蓝色的取值，三个颜色值相互叠加得到最终的颜色。

【例 2-1】 设置页面背景颜色为"#FFE4C4"，页面文字颜色为"purple"，在页面中显示内容为"网页颜色实例"。代码如下：

```
<!doctype html>
<html>
    <head>
        <title> 例题 2-1 </title>
        <meta charset="utf-8">
    </head>
    <body bgcolor="#FFE4C4" text="purple">
        网页颜色实例
    </body>
</html>
```

【例 2-1】的运行结果见图 2-1。

图 2-1 【例 2-1】运行结果

③ background 属性用于设置页面背景图片，而图片是独立于网页之外的单独文件，在页面中使用外部素材需要引用的是该素材的路径，通过路径找到该素材并进行加载。下面介绍页面中使用外部资源的路径表示方法：

- 物理路径：如果在 D 盘下 images 文件夹中存有 tu1.jpg 文件，则其物理路径可以表达为"file:///D/images/tu1.jpg"，这样的方法可以从根目录出发找到该文件，但是，其缺点在于一旦文件保存位置发生改变则找不到该文件。
- 相对路径：这种方式要求将页面与文件存放在同一文件夹中，或如果各自存在独立文件夹中，那么要求它们的文件夹要存在同一目录下。分 3 种情况：如果页面与 tu1.jpg 文件保存在相同目录下，则相对路径表达为"tu1.jpg"；如果页面与 images 文件夹保存在相同目录下，而 images 文件夹中存有 tu1.jpg 文件，则相对路径表达为"images/tu1.jpg"；如果 web 文件夹与 images 文件夹保存在相同目录下，而 web 文件夹中存网页，images 文件夹中存有 tu1.jpg 文件，则相对路径表达为"../images/tu1.jpg"。

【例 2-2】 设置页面背景图片为"bg01.jpg"，在页面中显示内容为"网页背景图片实例"。代码如下：

```
<!doctype html>
<html>
    <head>
        <title> 例题 2-2</title>
        <meta charset="utf-8">
    </head>
    <body background="images/bg01.jpg">
        网页背景图片实例
    </body>
</html>
```

【例 2-2】的运行结果见图 2-2。

图 2-2 【例 2-2】运行结果

2.1.2 设置文字相关样式

HTML4 标准中使用 `<font>`…`</font>` 标签对网页中的文字设置字体属性，其可以设定文字字体、大小、颜色，字体使用 face 属性设置，大小使用 size 属性设置，使用 color 属性设置文字的颜色。其中 size 属性可取从 1 到 7 的数字，浏览器默认值是 3。需要说明的是，HTML4.01 之后不再赞成使用 face、size、color 属性，而推荐使用样式，具体使用方法本书第 3 章将会加以介绍。

还可以使用 `<b>`…`</b>` 定义加粗字体，使用 `<i>`…`</i>` 定义倾斜字体，使用 `<u>`…`</u>` 定义下画线字体，使用 `<s>`…`</s>` 定义删除线字体，这些标签可以混合使用，定义同时具有多种属性的字体。

【例 2-3】 利用以上标签定义文字显示，代码如下：

```
<!doctype html>
<html>
    <head>
        <title>例题2-3</title>
        <meta charset="utf-8">
    </head>
    <body>
        <font face=" 微软雅黑 " size="6" color="red"><b>HTML5</b>的新特性应该基于
<u>HTML</u>、<i>CSS</i> 以及 <s>DOM</s> 和 <b><u>JavaScript</u></b>。</font>
    </body>
</html>
```

【例 2-3】的运行结果见图 2-3。

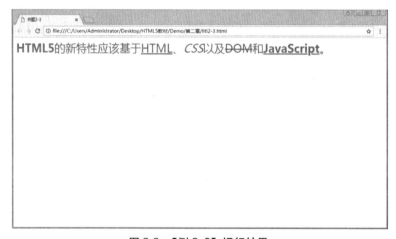

图 2-3 【例 2-3】运行结果

`<p>`…`</p>` 标签用于定义字体的分段。`<p>`…`</p>` 标签比较常用的属性是 align=#，# 可以是 left、center 或 right。left 表示文字居左，center 表示文字居中，right 表示文字居右。

HTML 标题元素有 6 种，分别为 H1、H2…H6，用于表示文章中的各种题目。标题号越小，字体越大。

【例 2-4】 使用以上标签完成"HTML5 简介"页面显示。代码如下：

```
<!doctype html>
<html>
    <head>
        <title> 例题 2-4</title>
        <meta charset="utf-8">
    </head>
    <body>
        <h2><p align="center">HTML5 简介 </p></h2>
        <hr color="#0066FF" size="2" width="70%">
        <p>HTML5 是最新的 HTML 标准。</p>
        <p> 新的表单控件，<br> 比如数字、日期、时间、日历和滑块。</p>
        <p> 强大的图像和多媒体支持 </p>
        <p> 强大的新 API，比如用本地存储取代 cookie。</p>
        <p align="right"> 更新时间：2018 年 05 月 28 日 14 时 08 分    
来源：W3school</p>
    </body>
</html>
```

【例 2-4】的运行结果见图 2-4。

图 2-4 【例 2-4】运行结果

【例 2-4】中使用
 实现文字换行，在 HTML 页面中不接受编辑状态使用【Enter】键进行的换行，而需要使用标签实现，另外，文字换行与分段在行距上有所区别。<hr>标签定义了一条水平分割线，并使用其 width、color、size 属性分别定义了水平分割线的宽度、颜色和粗细。" "则用来在页面中显示一个空格。

文字在页面中显示，有时需要使用有序或无序列表，其中有序列表使用 <ol>…</ol>标签定义，无序列表使用 <ul>…</ul> 标签定义，有序列表和无序列表的列表项都使用<li>…</li> 标签定义。

【**例2-5**】 使用列表显示"HTML5简介"。代码如下：

```
<!doctype html>
<html>
    <head>
        <title> 例题 2-5</title>
        <meta charset="utf-8">
    </head>
    <body>
        <h2><p align="center">HTML5 简介 </p></h2>
        <ol>
            <li>HTML 指的是超文本标记语言；</li>
            <li>HTML 不是一种编程语言，而是一种标记语言；</li>
            <li> 标记语言是一套标记标签；</li>
            <li>HTML 使用标记标签来描述网页。</li>
        </ol>
        <hr>
        <ul>
            <li>HTML5 是最新的 HTML 标准。</li>
            <li> 新的表单控件，比如数字、日期、时间、日历和滑块。</li>
            <li> 强大的图像和多媒体支持 </li>
            <li> 强大的新 API，比如用本地存储取代 cookie。</li>
        </ul>
    </body>
</html>
```

【**例2-5**】的运行结果见图2-5。

图2-5 【例2-5】运行结果

其他与文字相关的常用标签见表2-2，在此不再举例。

表 2-2　与文字相关的常用标签

属　　性	说　　　　明
…	定义重要的文本
</big>…</big>	定义大型字体
_…	定义下标显示
[…]	定义上标显示
<pre>…</pre>	定义预格式化文本
<center>…</center>	使文本水平居中，不赞成使用，请使用样式
<xmp>…</xmp>	文本原样输出
<cite>…</cite>	定义引用。可使用该标签对参考文献的引用进行定义，比如书籍或杂志的标题

2.1.3　图像

HTML 使用 <img> 标签处理图像，是单标签，其 src 属性用于指定图像文件的文件名，包括文件所在的路径。这个路径既可以是相对路径，也可以是绝对路径。除此之外，<img> 标记还有一些常用属性，见表 2-3。

表 2-3　<img> 标签的常用属性

属性	说　　　　明
alt	当鼠标指针移动到图像上时显示的文本，在浏览器无法载入图像时，替换文本将在图片位置显示
align	图像的对齐方式，包括 top（顶端对齐）、bottom（底部对齐）、middle（居中对齐）、left（左侧对齐）和 right（右侧对齐）
border	图像的边框宽度
width	图像的宽度
height	图像的高度
vspace	定义图像顶部和底部的空白

【例 2-6】 完成图 2-6 所示页面设计，实现对图片的大小和对齐方式的控制。

图 2-6　【例 2-6】运行结果

实现代码如下：

```
<!doctype html>
<html>
    <head>
        <title>例题2-6</title>
        <meta charset="utf-8">
    </head>
    <body>
        <img src="images/html5.jpg" width="200" height="120">
        <font>
            HTML5是最新的HTML标准。<br>新的表单控件，比如数字、日期、时间、日历
和滑块。<br>强大的图像和多媒体支持。
        </font>
        <hr>
        <img src="images/html5.jpg" width="100" height="60" align="top">
        <font>
            HTML5是最新的HTML标准。<br>新的表单控件，比如数字、日期、时间、日历
和滑块。<br>强大的图像和多媒体支持。
        </font>
        <hr>
        <img src="images/html5.jpg" width="100" height="60" align="middle">
        <font>
            HTML5是最新的HTML标准。<br>新的表单控件，比如数字、日期、时间、日历
和滑块。<br>强大的图像和多媒体支持。
        </font>
        <hr>
        <img src="images/html5.jpg" width="100" height="60" align="left">
        <font>
            HTML5是最新的HTML标准。<br>新的表单控件，比如数字、日期、时间、日历
和滑块。<br>强大的图像和多媒体支持。
        </font>
        <hr>
        <img src="images/html5.jpg" width="100" height="60" align="right">
        <font>
            HTML5是最新的HTML标准。<br>新的表单控件，比如数字、日期、时间、日历
和滑块。<br>强大的图像和多媒体支持。
        </font>
        <hr>
    </body>
</html>
```

2.1.4　超级链接

超级链接是网页中一种特殊的文本，简称超链接，通过单击链接内容可以跳转向本地或远程的其他文档。超链接可以实现与另一个文档相连，几乎可以在所有的网页中找到超链接。

HTML 在 <a> 和 </a> 标签中定义超链接，标签中间的内容为文本或图片，该内容为用户单击的内容，而跳转的地址则使用标签的 href 属性定义。常见的跳转地址可以有以下不同类型：

- 网络地址：使用 HTTP 超文本传输协议，该资源是 HTML 文件。例如：href="http://www.baidu.com"。
- 本网站中的其他网页：使用相对路径可以实现，例如：href="http://liti2-1.html"。
- 电子邮箱地址：使用 mailto 做前缀可以实现将超链接连接到电子邮箱，例如：href= "mailto:nmg @sina.com "。
- 本页面中的锚点位置：需要在页面中使用 <a name=" 锚点名称 "></a> 定义锚点，之后再用超链接 href 属性指定链接到锚点名称即可。

【例 2-7】　完成不同链接类型页面设计，代码如下：

```
<!doctype html>
<html>
    <head>
        <title> 例题 2-7</title>
        <meta charset="utf-8">
    </head>
    <body>
        <a name="top"></a><h2>HTML5 介绍 </h2>
        <h3> 目录 </h3>
        <p><a href="#gaishu">HTML 概述 </a></p>
        <p><a href="#fazhan">HTML5 发展历史 </a></p>
        <p><a href="#texing">HTML5 特性 </a></p>
        <img src="images/html5.jpg">
        <hr>
        <a name="gaishu"></a><h3>HTML 概述 </h3>
        <p> 超文本标记语言（标准通用标记语言下的一个应用，外语缩写 HTML），<br>是迄
今为止网络上应用最为广泛的语言，也是构成网页文档的主要语言。……
        </p>
        <hr>
        <a name="fazhan"></a><h3>HTML5 发展历史 </h3>
        <p>
        HTML5 草案的前身名为 Web Applications 1.0，于 2004 年被 WHATWG 提出，于
2007 年被 W3C 接纳，并成立了新的 HTML 工作团队。……
        </p>
```

```
        <p>2012 年 12 月 17 日，万维网联盟（W3C）正式宣布凝结了大量网络工作者心血的
HTML5 规范已经正式定稿。……
        </p>
        <p>2014 年 10 月 29 日，万维网联盟泪流满面地宣布，经过几乎 8 年的艰辛努力，
HTML5 标准规范终于最终制定完成了，并已公开发布。……
        </p>
        <p>
        W3C CEO Jeff Jaffe 博士表示……
        </p>
        <p>
        HTML5 还有望成为梦想中的 " 开放 Web 平台 "(Open Web Platform) 的基石，如能
实现可进一步推动更深入的跨平台 Web 应用。……
        </p>
        <hr>
        <a name="texing"></a><h3>HTML5 特性 </h3>
        <p>
        语义特性：HTML5 赋予网页更好的意义和结构。……
        </p>
        <p>
        本地存储特性：基于 HTML5 开发的网页 APP 拥有更短的启动时间，更快的联网速度，
这些全得益于 HTML5 APP Cache，以及本地存储功能。……
        </p>
        <p> 设备兼容特性：从 Geolocation 功能的 API 文档公开以来，HTML5 为网页应用
开发者们提供了更多功能上的优化选择，带来了更多体验功能的优势。……
        </p>
        <p>
        网页多媒体特性：支持网页端的 Audio、Video 等多媒体功能，与网站自带的 APPS、
摄像头、影音功能相得益彰。
        </p>
        <p>CSS3 特性：在不牺牲性能和语义结构的前提下，CSS3 中提供了更多的风格和更强
的效果。……
        </p>
        <hr>
        <a href="http://www.w3school.com.cn"> 参考网址 </a>  <a
href= "liti2-6.html"> 参 考 实 例 </a>  <a href="mailto:123456@
qq.com"> 联系我们 </a>  <a href=""> 返回 </a>
    </body>
</html>
```

运行结果如图 2-7 和图 2-8 所示。

图 2-7 【例 2-7】运行结果（1）

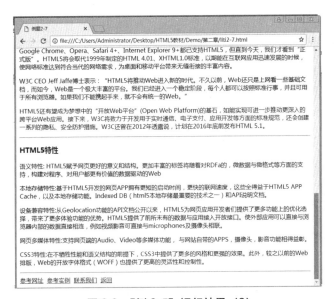

图 2-8 【例 2-7】运行结果（2）

在超链接的定义代码中，除了指定转向文档外，还可以使用 target 属性来设置单击超链接时打开网页的目标框架。可以选择 _blank（新建窗口）、_parent（父框架）、_self（相同框架）和 _top（整页）等目标框架。比较常用的目标框架为 _blank（新建窗口）。

修改【例 2-7】，将参考网址页面在新的窗口中打开，修改部分代码如下：

```
<a href="http://www.w3school.com.cn" target="_blank ">参考网址 </a>
```

运行结果如图 2-9 所示。

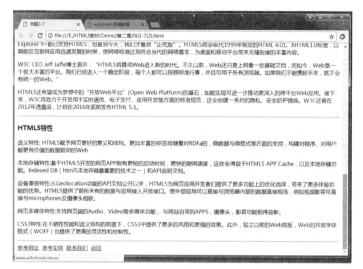

图 2-9 【例 2-7】修改后的运行结果

从运行结果可以看出，使用 Chrome 浏览器运行时，单击"参考网址"链接，跳转的页面是在本页面旁边新的标签中打开的。

2.1.5 表格

在 HTML 语言中表格由 \<table>…\</table> 标签定义，表格中 \<tr>…\</tr> 用于定义表格中的一行，\<td>…\</td> 用于定义一个单元格，\<th>…\</th> 用于定义表格的标题行单元格，\<caption>…\</caption> 用于定义表格标题。

【例 2-8】 定义一个 3 行 3 列的表格，代码如下：

```
<!doctype html>
<html>
    <head>
        <title> 例题 2-8</title>
        <meta charset="utf-8">
    </head>
<body>
    <table>
        <caption> 浏览器支持 H5 情况 </caption>
        <tr>
            <th> 浏览器名称 </th><th> 版本 </th><th> 得分 </th>
        </tr>
        <tr>
            <td>Chrome</td><td>23.0.127</td><td>449</td>
        </tr>
        <tr>
            <td>IE</td><td>9.0</td><td>138</td>
        </tr>
    </table>
```

```
        </body>
</html>
```

运行结果如图 2-10 所示。

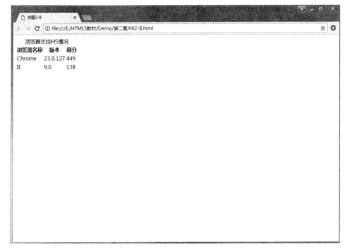

图 2-10 【例 2-8】修改后的运行结果

观察以上运行结果不难发现，通过使用相关标签能够设计出表格结构，但表格外观不佳，这就需要使用表格的相关属性。常用的表格属性见表 2-4。

表 2-4　常用的表格属性

属　　性	说　　明	属　　性	说　　明
width	可以对 table、th、td 进行宽度设置	align	可以对 table 进行整体位置设置 可以对 th 和 td 进行内容水平对齐方式设置 可取的值有：left、right、center
height	可以对 table、tr 进行高度设置	valign	可以对 th 和 td 进行内容水平垂直方式设置 可取的值有：top、bottom、middle
border	可以对 table、th、td 进行边框设置	rowspan	可以对 th 和 td 进行跨行设置
bgcolor	可以对 table、tr、th、td 进行背景颜色设置	colspan	可以对 th 和 td 进行跨列设置

修改【例 2-8】增加相关属性的使用，代码如下：

```
<!doctype html>
<html>
    <head>
        <title>例题 2-8</title>
        <meta charset="utf-8">
    </head>
    <body>
        <table width="600" height="300" align="center" border="1">
            <caption>浏览器支持 H5 情况</caption>
```

```
        <tr bgcolor="#cccccc" height="100">
            <th valign="bottom">浏览器名称</th><th valign="top">版本
</th><th valign="middle">得分</th>
        </tr>
        <tr>
            <td align="center">Chrome</td><td>23.0.127</td><td>449</td>
        </tr>
        <tr>
            <td align="center">IE</td><td>9.0</td><td>138</td>
        </tr>
    </table>
    </body>
</html>
```

运行结果如图 2-11 所示。

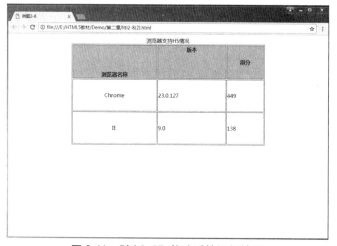

图 2-11 【例 2-8】修改后的运行结果

表 2-4 中 rowspan 和 colspan 两个属性的功能分别为设置单元格跨行和跨列，这两个属性用于单元格不规则的情况。具体使用方法见【例 2-9】，具体代码如下：

【例 2-9】 设置单元格跨行和跨列。

```
<!doctype html>
<html>
    <head>
        <title>例题 2-9</title>
        <meta charset="utf-8">
    </head>
    <body>
        <font size="4" face="微软雅黑">
        <table border="1" bordercolor="blue" align="center">
```

```
            <caption><font size="6" face=" 宋体 "><b> 网络技术班课程表 </b>
</font></caption>
            <tr align="center">
            <td> </td>
            <td> </td>
            <td> 一 </td>
            <td> 二 </td>
            <td> 三 </td>
            <td> 四 </td>
            <td> 五 </td>
            </tr>
            <tr align="center">
            <td rowspan="2"> 上午 </td>
            <td>1，2 节 </td>
            <td> 语文 </td>
            <td rowspan="2"> 华为数通 </td>
            <td> 语文 </td>
            <td  rowspan="2"> 华为数通 </td>
            <td> 心理健康教育 </td>
            </tr>
            <tr align="center">
            <td>3，4 节 </td>
            <td>window server</td>
            <td> 计算机英语 </td>
            <td> 计算机英语 </td>
            </tr>
            <tr align="center">
            <td colspan="7"> 午休 </td>
            </tr>
            <tr align="center">
            <td rowspan="2"> 下午 </td>
            <td>5，6 节 </td>
            <td> 政治 </td>
            <td  rowspan="2" bgcolor="pink"> 学生活动 </td>
            <td  rowspan="2" bgcolor="pink"> 超市课 </td>
            <td  rowspan="2">HTML5</td>
            <td>window server</td>
            </tr>
            <tr align="center">
            <td>7，8 节 </td>
            <td> </td>
            <td> 体育 </td>
```

```
            </tr>
        </table>
        </font>
    </body>
</html>
```

运行结果如图 2-12 所示。

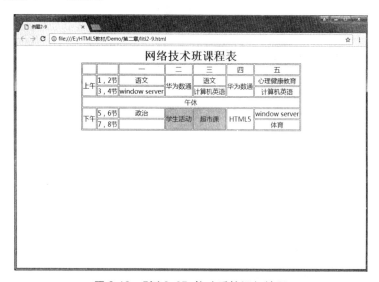

图 2-12 【例 2-9】修改后的运行结果

以上表格设计时，单元格占用多行或多列，使用 rowspan 和 colspan 属性进行单元格跨行和跨列设计，但是需要删除其所覆盖的单元格。另外，表格单元格不能为空，如果确实单元格中没有内容，则需要使用" "进行占位。

2.1.6 框架

框架（frame）可以将浏览器的窗口分成多个区域，每个区域可以单独显示一个 HTML 文件，各个区域也可以相关联地显示某一个内容。例如，可以将索引放在一个区域，文件内容显示在另一个区域。其优点在于：通过使用框架，可以在同一个浏览器窗口中显示不止一个页面。每份 HTML 文档称为一个框架，并且每个框架都独立于其他的框架。框架通常的使用方法是在一个框架中放置可供选择的链接目录，而将 HTML 文件显示在另一个框架中。设计框架结构所使用的标签及常用属性如下：

1. <noframe> 标签

<noframe> 标签中包含了框架不能被显示时的替换内容。

2. <frameset> 标签

<frameset> 标签是一个框架容器，它将窗口分成长方形的子区域，即框架。在一个框架设置文档中，<frameset> 取代了 <body> 位置，紧接 <head> 之后。

<frameset> 的基本属性包括 rows 和 cols，它们定义了框架设置元素中的每个框架的尺寸大小。rows 值从上到下给出了每行的高；cols 值从左到右给出了每列的宽。

框架是可以嵌套的，也就是说，在 <frameset> 中还可以包含一个或多个 <frameset> 标签。

3. <frame> 标签

<frameset> 标签包含多个 <frame> 标签。每个 <frame> 标签定义一个子窗口。<frame> 标签的属性说明如下：

- name：框架名称。
- src：框架内容 URL。
- longdesc：框架的长篇描述。
- frameborder：框架边框口。
- marginwidth：边距宽度。
- marginheight：边距高度。
- noresize：禁止用户调整框架尺寸。
- scrolling：规定了行内框架中是否需要滚动条。

【例 2-10】 定义框架结构。

首先创建 3 个 HTML 文件，分别使用之前所学文本相关标签和属性显示三首古诗内容。

第一首古诗 1.html 页面代码如下。

```
<!doctype html>
<html>
    <head>
        <title> 例题 2-10-1</title>
        <meta charset="utf-8">
    </head>
    <body background="images/bg01.gif">
        <font color="blue" face=" 隶书，楷体 _GB2312"><center><h1>《登鹳雀楼》
</h1></center></font>
        <hr width="80%">
        <center> 作者：王之涣 </center>
        <font face =" 隶书 " size="20" color="#007900">
            <p align="center"> 白日依山尽，</p>
            <p align="center"> 黄河入海流。</p>
            <p align="center"> 欲穷千里目，</p>
            <p align="center"> 更上一层楼。</p>
        </font>
    </body>
</html>
```

运行结果如图 2-13 所示。

图 2-13 【例 2-10】1.html 运行结果

第二首古诗 2.html 页面代码如下。

```
<!doctype html>
<html>
    <head>
        <title>例题 2-10-2</title>
        <meta charset="utf-8">
    </head>
    <body background="images/bg02.gif">
        <font color="blue" face="隶书,楷体_GB2312"><center><h1>《静夜思》
</h1></center></font>
        <hr width="80%">
        <center>作者：李白</center>
        <font face ="隶书" size="20" color="#007900">
            <p align="center">床前明月光，疑是地上霜。</p>
            <p align="center">举头望明月，低头思故乡。</p>
        </font>
    </body>
</html>
```

运行结果如图 2-14 所示。

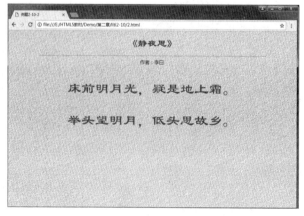

图 2-14 【例 2-10】2.html 运行结果

第三首古诗 3.html 页面代码如下。

```
<!doctype html>
<html>
    <head>
        <title>例题 2-10-3</title>
        <meta charset="utf-8">
    </head>
    <body background="images/bg03.gif">
        <font color="blue" face="隶书，楷体_GB2312"><center><h1>《送孟
浩然之广陵》</h1></center></font>
        <hr width="80%">
        <center>作者：李白</center>
        <font face="隶书" size="20" color="#007900">
            <p align="center">故人西辞黄鹤楼，</p>
            <p align="center">烟花三月下扬州。</p>
            <p align="center">孤帆远影碧空尽，</p>
            <p align="center">唯见长江天际流。</p>
        </font>
    </body>
</html>
```

运行结果如图 2-15 所示。

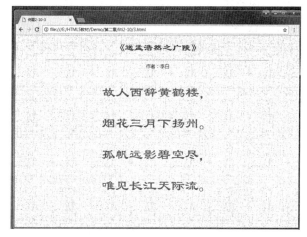

图 2-15 【例 2-10】3.html 运行结果

index.html 页面将以上 3 个页面通过框架结构，在同一页面中显示，框架分为三行，代码如下。

```
<!doctype html>
<html>
    <head>
        <title>例题 2-10</title>
        <meta charset="utf-8">
    </head>
```

```
<noframes> 您的浏览器不支持框架显示 </noframes>
<frameset rows="200,200,*">
    <frame src="1.html" noresize>
    <frame src="2.html" noresize>
    <frame src="3.html" >
</frameset>
</html>
```

运行结果如图 2-16 所示。

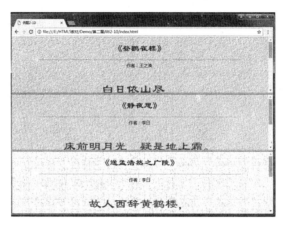

图 2-16 【例 2-10】index.html 运行结果

实际使用中，一般将页面分割为"T"字形框架结构，下面修改【例 2-10】index.html 页面，将其设计为"T"字形框架结构，同时增加两个页面，设计"唐诗欣赏"页面，具体代码如下。

新添加 top.html 页面，代码如下。

```
<!doctype html>
<html>
    <head>
        <title> 例题 2-10</title>
        <meta charset="utf-8">
    </head>
    <body background="images/bg01.gif">
        <p align="center"><font color="red" face=" 隶书 " size="7">唐诗欣赏 </
font></p>
    </body>
</html>
```

新添加 left.html 页面，代码如下。

```
<!doctype html>
<html>
    <head>
        <title> 例题 2-10</title>
        <meta charset="utf-8">
    </head>
    <body background="images/bg01.gif">
```

```
        <h2><a href="1.html" target="main"> 登鹳雀楼 </a></h2>
        <h2><a href="2.html" target="main"> 静夜思 </a></h2>
        <h2><a href="3.html" target="main"> 送孟浩然之广陵 </a></h2>
    </body>
</html>
```

修改 index.html 页面，代码如下。

```
<!doctype html>
<html>
    <head>
        <title> 例题 2-10</title>
        <meta charset="utf-8">
    </head>
    <noframes> 您的浏览器不支持框架显示 </noframes>
    <frameset rows="100,*">
        <frame src="top.html" noresize name="top">
        <frameset cols="220,*">
            <frame src="left.html" name="left" noresize>
            <frame src="3.html" name="main">
        </frameset>
    </frameset>
</html>
```

运行结果如图 2-17 所示。

框架集（frameset）中定义了 2 个框架（frame），左侧框架中显示 left.html，宽度为 120。右侧框架名为 main，初始时显示 3.html。单击左侧框架中的超链接，超链接内容会在右侧显示。

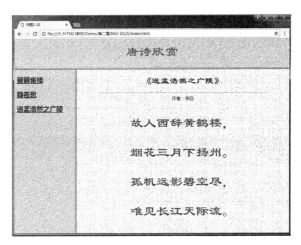

图 2-17 【例 2-10】修改后运行结果

2.1.7 其他常用标签

本小节介绍 HTML 中其他的常用标签。

1. <div>

<div> 标签可以定义文档中的分区或节 (division/section)，可以把文档分割为独立的、不同的部分。在 HTML4 中，<div> 标签结合后面章节讲的 CSS 样式设计，对设计网页布局很重要。

【例 2-11】 使用 <div> 标签定义 3 个分区，背景色分别为红、绿、蓝，代码如下：

```html
<!doctype html>
<html>
    <head>
        <title> 例题 2-11</title>
        <meta charset="utf-8">
    </head>
    <body>
        <div style="background-color:#FF0000">
            <h3> 标题 1</h3>
            <p> 正文 1</p>
        </div>
        <div style="background-color:#00FF00">
            <h3> 标题 2</h3>
            <p> 正文 2</p>
        </div>
        <div style="background-color:#0000FF">
            <h3> 标题 3</h3>
            <p> 正文 3</p>
        </div>
    </body>
</html>
```

运行结果如图 2-18 所示。

图 2-18 【例 2-11】修改后运行结果

【例 2-11】可以很直观地看到 <div> 标签定义的分区的范围。style 属性用于指定 div 元素的 CSS 样式，background-color 用于定义元素的背景颜色。关于 CSS 样式将在第 3 章中介绍。

2. <span>

<span> 标签是内联元素，可用作文本的容器。<span> 元素也没有特定的含义。当与 CSS 一同使用时，<span> 元素可用于为部分文本设置样式属性。

2.1.8 HTML5 新增标签

1. <mark> 标签

<mark> 标签用于定义突出显示部分文本。

【例 2-12】 使用 <mark> 标签标记页面中的文字，代码如下。

```
<!doctype html>
<html>
    <head>
        <title>例题 2-12</title>
        <meta charset="utf-8">
    </head>
    <body>
        <h2>春天</h2>
        <p>
        <mark>春季</mark>，地球的北半球开始倾向太阳，受到越来越多的太阳光直射，因而
气温开始升高。随着冰雪消融，河流水位上涨。<mark>春季</mark>植物开始发芽生长，许多鲜花开放。
冬眠的动物苏醒，许多以卵过冬的动物孵化，鸟类开始迁徙，离开越冬地向繁殖地进发。许多动物在这
段时间里发情，因此中国也将春季称为 " 万物复苏 " 的季节。<mark>春季</mark>气温和生物界的
变化对人的心理和生理也有影响。
        </p>
    </body>
</html>
```

运行结果如图 2-19 所示。

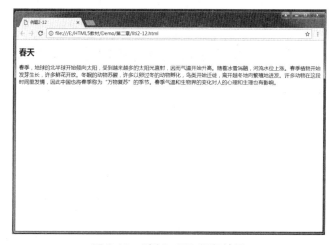

图 2-19 【例 2-12】运行结果

2. <meter> 标签

<meter> 标签用于定义度量衡，仅用于已知最大和最小值的度量。浏览器会使用图形

方式表现 <meter> 标签。<meter> 标签的属性说明如下：

- high：定义度量的值位于哪个点，被界定为高的值。
- low：定义度量的值位于哪个点，被界定为低的值。
- max：定义最大值，默认值是 1。
- min：定义最小值，默认值是 0。
- optimum：定义什么样的度量值是最佳的值。如果该值高于"high"属性的值，则意味着值越高越好。如果该值低于"low"属性的值，则意味着值越低越好。
- value：定义度量的值。

【例 2-13】 使用 <meter> 标签的例子。

```
<!doctype html>
<html>
    <head>
        <title> 例题 2-13</title>
        <meta charset="utf-8">
    </head>
    <body>
        <h3> 查看以下歌曲得分: </h3>
        <ul>
            <li> 成 都: <meter value="6" min="0" max="10" low="6"
height="8"></meter>6 分 </li>
            <li> 父 亲: <meter value="8" min="0" max="10" low="6"
height="8"></meter>8 分 </li>
            <li> 阳 光 总 在 风 雨 后: <meter value="4" min="0" max="10" low="6"
height="8"> </meter>4 分 </li>
        </ul>
    </body>
</html>
```

运行结果如图 2-20 所示。

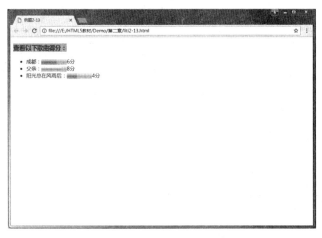

图 2-20 【例 2-13】运行结果

3. \<progress> 标签

\<progress> 标签用于定义一个进度条。它的属性说明如下。

- max：定义完成的值。
- value：定义进度条的当前值，如果不指定 value 值，则显示一个动态的进度条。

【例 2-14】 使用 \<progress> 标签的例子。代码如下。

```
<!doctype html>
<html>
    <head>
        <title> 例题 2-14</title>
        <meta charset="utf-8">
    </head>
    <body>
        <h3> 项目一加载进度: </h3>
        <progress value="85" max="100"></progress><span id="objprogress">85</span>%
        <br>
        <h3> 项目二加载中，请稍候: </h3>
        <progress></progress>
    </body>
</html>
```

运行结果如图 2-21 所示。

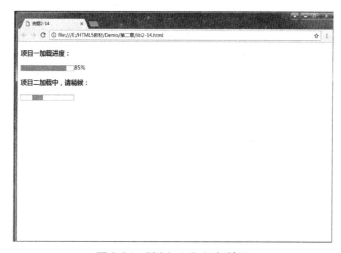

图 2-21 【例 2-14】运行结果

4. \<details> 标签

\<details> 标签用于描述文档或文档某个部分的细节。它的属性说明如下：

open：定义 \<details> 标签下面列表内容是否展开，如果添加 open="open"，则默认列表是展开的。

【例 2-15】 使用 <details> 标签的例子。

```html
<!doctype html>
<html>
    <head>
        <title> 例题 2-15</title>
        <meta charset="utf-8">
    </head>
    <body>
        <h3> 查看歌手歌曲列表: </h3>
        <details>
            <summary> 刘德华 </summary>
            <ul>
                <li> 忘情水 </li>
                <li> 冰雨 </li>
                <li> 中国人 </li>
            </ul>
        </details>
        <details>
            <summary> 王菲 </summary>
            <ul>
                <li> 匆匆那年 </li>
                <li> 红豆 </li>
                <li> 致青春 </li>
            </ul>
        </details>
    </body>
</html>
```

运行结果如图 2-22 所示。

图 2-22 【例 2-15】运行结果

2.1.9　HTML5 新的菜单设计

1. 菜单

在 HTML5 中，可以使用 <menu> 标签定义菜单，多用于表单中组织控件列表。

<menu> 标签的常用属性如表 2-5 所示。

使用 <menu> 标签定义一个选择列表，可以使用如下代码：

表 2-5　<menu> 标签的常用属性

属　　性	说　　明
autosubmit	如果为 true，那么当表单控件改变时会自动提交
label	text，规定菜单的可见标签
type	popup、toolbar，规定要显示哪种菜单类型

```
<menu>
    <li><input type="checkbox" />ASP</li>
    <li><input type="checkbox" />PHP</li>
    <li><input type="checkbox" />JSP</li>
</menu>
```

由于目前主流浏览器大多不支持 <menu> 标签的使用，因此以上代码读者仅做了解即可。

2. 在 <script> 标签中使用 async 属性

async 属性是 HTML5 的新属性。在 <script> 标签中使用 async 属性可以设定异步执行指定的脚本，也就是在加载网页的同时执行指定的脚本。如果不指定 async 属性，则需要等到加载完前面的网页内容，才能开始执行脚本，执行完脚本才能加载后面的网页内容。

可以看到，异步执行可以与加载 HTML 内容同时进行，因此效率更高。特别是当 JavaScript 脚本较复杂、执行时间较长时，建议使用 async 属性。

2.1.10　HTML5 废弃的标签

HTML5 中废弃的标签主要分为以下 4 类。

1. 表现性元素

HTML5 中废弃的表现性元素如表 2-6 所示。

表 2-6　HTML5 中废弃的表现性元素标签

标　签	说　　明	标　签	说　　明
basefont	定义文档中所有文本的默认颜色、大小和字体	s	定义加删除线的文本
big	制作更大的文本	strike	定义加删除线的文本
center	对其包围的文本和内容进行水平居中处理	tt	定义打字机文字
font	规定文本的字体、大小和颜色	u	定义下画线文本

2. 框架类元素

HTML5 不支持框架，废弃的框架类元素如表 2-7 所示。

表 2-7 HTML5 中废弃的框架类元素标签

标 签	说 明
frame	定义框架集中的子窗口（框架）
frameset	定义框架集，用于组织多个窗口（框架）
noframe	向浏览器显示无法处理框架的提示文本

3. 属性类

HTML5 中废弃的属性类标签如表 2-8 所示。

表 2-8 HTML5 中废弃的属性类标签

属 性	说 明
align	对齐属性，它的值可以是 left、center 和 right
body 标签上的 link、vlink、alink、text 属性	用定义链接和文本的颜色
body 标签上的 bgcolor 属性	定义文档的背景色
body 标签上的 height 和 width 属性	定义文档的高度和宽度
iframe 元素上的 scrolling 属性	设置或获取框架是否可被滚动
valign	定义垂直对齐方式
hspace 和 vspace	设置元素周围的空间
Table 标签上的 cellpadding、cellspacing 和 border 属性	定义表格单元之间的空间和边框
header 标签上的 profile 属性	指定符合数据的轮廓描述的位置
链接标签 a 上的 target 属性	指定在何处打开目标 URL
img 和 iframe 元素的 longdesc 属性	指定长的描述内容

4. 其他类元素

HTML5 中废弃的其他类标签如表 2-9 所示。

表 2-9 HTML5 中废弃的其他类标签

标 签	说 明
acronym	定义首字母缩略词，可以使用 abbr 取代 acronym
applet	定义嵌入的 applet，可以使用 object 取代 applet
dir	定义目录列表，可以使用 ul 取代 dir

2.2 HTML5 表单处理

网页中一个很重要的功能就是与用户进行交互，用户通常通过表单提交数据。本节介绍 HTML5 表单的新特性。

表单中可以包括标签（静态文本）、单行文本框、滚动文本框、复选框、单选按钮、下拉菜单（组合框）和按钮等控件。

在定义表单和表单控件等方面，HTML5 与 HTML4 兼容，为了使读者能够更好地理解 HTML5 表单的新特性，本节先介绍 HTML4 表单的基础。

2.2.1　定义表单

可以使用 <form>…</form> 标签定义表单，常用的属性如表 2-10 所示。

表 2-10　表单的常用属性及说明

属　　性	说　　　　　明
id	表单 ID，用来标记一个表单
name	表单名
action	指定处理表单提交数据的脚本文件。脚本文件可以是 ASP 文件、.net 文件或 PHP 文件，它部署在 Web 服务器上，用于接收和处理用户通过表单提交的数据
method	指定表单信息传递到服务器的方式，有效值为 get 或 post。如果设置为 get，则当按下提交按钮时，浏览器会立即传送表单数据；如果设置为 post，则浏览器会等待服务器来读取数据。使用 get 方法的效率较高，但传递的信息量仅为 2 KB，而 post 方法没有此限制，所以通常使用 post 方法

表单中的 action 属性可指定处理脚本文件时的文件位置，可以使用绝对路径和相对路径指定脚本文件的位置。method 属性指定表单内容提交的方式，get 或者 post 根据需要设置。以上两个属性对于表单提交内容非常重要，但就本书所讲内容而言，不涉及提交，因此，在本节所举例题中，以上两个属性可以任意指定。

【例 2-16】　使用 <form> 标签定义表单，代码如下。

```
<!doctype html>
<html>
    <head>
        <title>例题 2-16</title>
        <meta charset="utf-8">
    </head>
    <body>
        <form method="get" action="#" id="form1" name="f1">
        </form>
    </body>
</html>
```

以上代码仅是设计了一个空表单，并没有完成表单内容，因此运行页面为空。下面介绍表单中的项目，以便设计不同类型的表单。

2.2.2　input 表单元素及其相关属性

表单中的使用 <input> 标签定义不同的输入方式，input 是最重要的一个表单元素，通过设置其 type 属性，可以定义文本框、单选按钮、复选框、按钮等不同类型。其常用属性见表 2-11。

表 2-11　表单的常用属性及说明

属　　性	说　　　　　明
name	名称，用来标记一个表单元素的名称
value	设置表单元素的初始值
size	设置表单元素的宽度值
maxlength	设置表单元素允许输入的最大字符数量
readonly	指示是否可修改该字段的值
type	设置文本框的类型，常用的类型有： • text：文本框　　　　• checkbox：复选框　　　• button：普通按钮 • password：密码框　　• submit：提交按钮　　　• hidden：隐藏域 • radio：单选框　　　　• reset：重置按钮　　　　• file：文件域
value	定义表单元素的默认值

根据表 2-11 中的属性，修改【例 2-16】，设计登录页面，代码如下。

```html
<!doctype html>
<html>
    <head>
        <title> 例题 2-16</title>
        <meta charset="utf-8">
    </head>
    <body>
        <form method="get" action="#" id="form1" name="f1">
            <font> 用 户 名: </font><input type="text" name="yonghuming"
size="20" maxlength="20"><br><br>
            <font> 密     码: </font><input type="password"
name="password"><br><br>
            <input type="submit" value=" 确　定 ">  <input
type="reset" value=" 取消 ">
        </form>
    </body>
</html>
```

运行结果如图 2-23 所示。

图 2-23　【例 2-16】修改后运行结果

从【例 2-16】可以看到，类型为 text 的普通文本框可以正常显示用户输入的文本，类型为 password 的密码文本框可将用户输入的文本显示为 *，submit 类型为提交按钮，reset 类型为重置按钮，按钮所显示的文字内容由 value 属性设计。

【例 2-17】 使用更多 <input> 标签的不同类型设计注册页面，代码如下。

```html
<!doctype html>
<html>
    <head>
        <title>例题 2-17</title>
        <meta charset="utf-8">
    </head>
    <body>
        <form method="get" action="#" id="form1" name="f1">
        <font> 用 户 名: </font><input type="text" name="yonghuming"
size="20" maxlength="20"><br><br>
        <font> 密     码: </font><input type="password"
name="password"><br><br>
        <font> 确 认 密 码: </font><input type="password" name="pass-
word2"><br><br>
        <font> 性别: </font>
            <input type="radio" name="sex" value="1"><font> 男
</font>  
            <input type="radio" name="sex" value="2"><font> 女 </
font><br><br>
        <font> 年级: </font>
        <input type="radio" name="grade" value="1"><font>一年级 </font>  
        <input type="radio" name="grade" value="2"><font>二年级 </font>  
        <input type="radio" name="grade" value="3"><font>三年级 </font>  
        <br><br>
        <font> 爱好: </font>
        <input type="checkbox" name="inter" value="1"><font>上网</font>  
        <input type="checkbox" name="music" value="1"><font>音乐</font>  
        <input type="checkbox" name="game" value="1"><font>玩游戏</font>  
        <br><br>
        <font> 头像: </font><input type="file" name="photo"><br><br>
        <input type="hidden" name="userid" value="1">
        <input type="submit" value=" 确定 ">  <input type="reset" value=" 取消 ">
        </form>
    </body>
</html>
```

运行结果如图 2-24 所示。

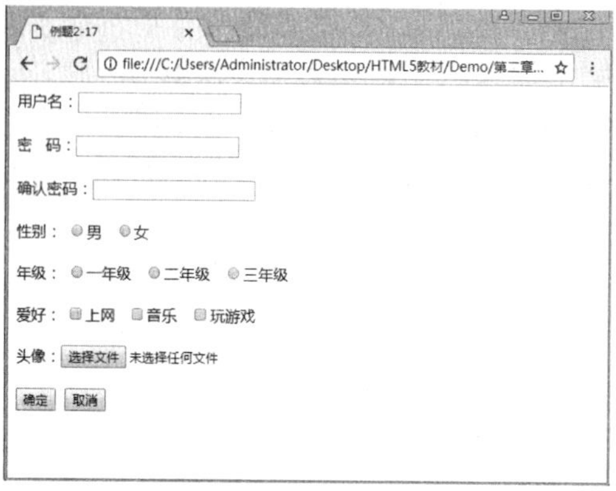

图 2-24 【例 2-17】运行结果

以上例题中使用 radio 类型设计单选框，单选框有两组，每组中多个选项需要设计相同的 name 属性名称，这样才能实现每组中的单选；类型为 file 的文件文本框显示为一个"选择文件"按钮和一个显示文件名的字符串（未选择文件时，显示为"未选择文件"），类型为 hidden 的隐藏文本框则不会显示在页面中。

2.2.3 组合框

组合框也称为列表或菜单，是用于从多个选项中选择某个项目的表单控件。可以使用 <select> 标签定义组合框，组合框中的选项由 <option> 标签进行定义。

组合框的常用属性如表 2-12 所示。

表 2-12 组合框的常用属性及说明

属　　性	具体描述
name	名称，用来标记一个单选按钮
option	定义组合框中包含的下拉菜单项
value	定义菜单项的值
selected	如果指定某个菜单项的初始状态为"选中"，则在对应的 option 属性中使用 selected

修改【例 2-17】，在注册页面中添加"所在城市"选项，新添加的代码如下。

```
<font> 所在城市: </font>
    <select name="city">
        <option value="hhht"> 呼和浩特 </option>
        <option value="baotou"> 北京 </option>
        <option value="wuchuan"> 天津 </option>
        <option value="qingshuihe">青岛 </option>
    </select>
```

运行结果如图 2-25 所示。

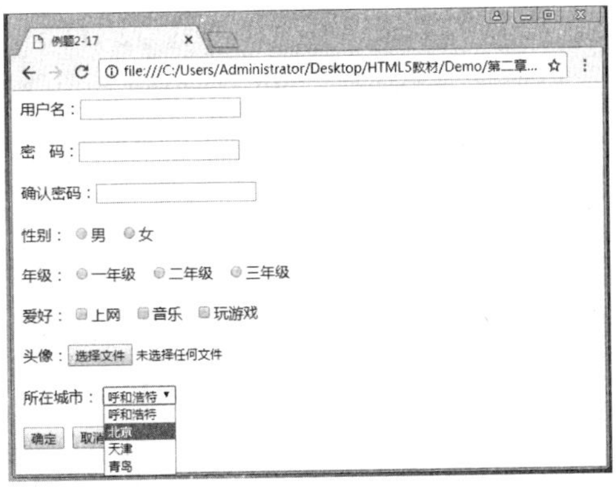

图 2-25 【例 2-17】修改后运行结果

从图 2-25 运行结果可以看出，列表框提供多个选项，在执行时用户可以在多个选项中选择一个，不选择时列表不会占用页面太多区域。

2.2.4 文本区域

文本区域是用于输入多行文本的表单控件。可以使用 <textarea> 标签定义文本区域。<textarea> 标签的常用属性如表 2-13 所示。

修改【例 2-17】,在注册页面中添加"个人简介"项目，新添加的代码如下：

表 2-13 文本区域的常用属性及说明

属　　性	具　体　描　述
cols	设置文本区域的字符宽度值
disabled	当此文本区域首次加载时禁用此文本区域
name	用来标记一个文本区域
readonly	指示用户无法修改文本区域内的内容
rows	设置文本区域允许输入的最大行数

```
<font> 个人简介: </font><br>
    <textarea rows="5" cols="40" name="info"> 这里是您的个人简介......</textarea>
```

运行结果如图 2-26 所示。

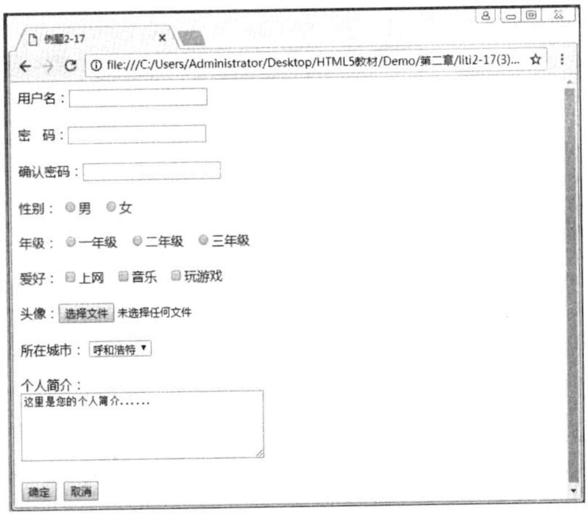

图 2-26 【例 2-17】修改后运行结果

2.2.5 HTML5 表单新特性之新的 input 类型

HTML5 对表单进行了很多扩充和完善，从而可以设计出全新界面的表单。HTML5 表单的新特性包括新的 Input 类型、新的表单元素、新的表单属性以及新增的表单验证功能。

2.2.2 节已经介绍了 HTML4 的 <input> 标签的 type 属性的不同取值，用于设定不同类型的表单输入元素，本节介绍 HTML5 新增的 input 标签 type 类型，如表 2-14 所示。

表 2-14　HTML5 新增的 input 标签 type 类型

Type 类型	说　　明
email	用于应该包含 E-mail 地址的输入域。在提交表单时，会自动验证 email 域的值是否符合电子邮箱地址的格式
ur	用于应该包含 URL 地址的输入域。在提交表单时，会自动验证 URL 域的值是否符合网址格式
number	用于应该包含数值的输入域，可以使用如下属性定义输入数据的范围： • max：允许的最大值 • min：允许的最小值 • step：规定合法的数字间隔
range	特定值范围的数值，以滑动条显示，与 number 类型设置方式相同
date	用于日期值的输入，可以通过一个下拉日历来选择年／月／日
time	用于选取时间（小时和分钟）
month	用于选取月和年
week	用于选取周和年
datetime	用于选取时间、日、月、年（UTC 时间，即世界统一时间）
datetime-local	用于选取时间、日、月、年（本地时间）
color	用于选择颜色
search	用于搜索域，比如站点搜索或 Google 搜索，search 域显示为常规的文本域

【例 2-18】　设计个人信息输入页面，代码如下。

```
<!doctype html>
<html>
    <head>
        <title>例题 2-18</title>
        <meta charset="utf-8">
    </head>
    <body>
        <form method="get" action="#" id="form1" name="f1">
```

```
        <font> 姓 名: </font><input type="text" name="yonghuming"
size="20" maxlength="20"><br><br>
        <font> 性别: </font> <input type="radio" name="sex" value="1"><-
font> 男 </font>  <input type="radio" name="sex" value="2"><font> 女 </
font>   <br><br>
        <font> 电子邮箱: </font><input type="email" name="email" size="50">
<br><br>
        <font> 个人首页: </font><input type="url" name="gerenshouye" size="50">
<br><br>
        <font> 年龄: </font><input type="number" name="age" min="0"  max=
"120" value="19" step="1"><br><br>
        <font> 入 学 成 绩: </font>0<input type="range" name="age" min="0"
max="750" value="400" step="100">750<br><br>
        <font> 生日: </font><input type="date" name="birthday"><br><br>
        <font> 喜欢的颜色: </font><input type="color" name="mycolor">
<br><br>
        <input type="submit" value=" 确 定 ">  <input
type="reset" value=" 取消 ">
    </form>
  </body>
</html>
```

运行结果如图 2-27 所示。

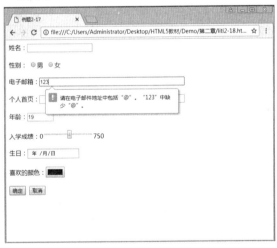

图 2-27 【例 2-18】运行结果

在提交表单时，会自动验证 E-mail 域的值是否符合电子邮箱地址的格式。如果用户输入的数据不符合 E-mail 的格式，则在提交表单时，会提示"请输入电子邮件地址"。url 类型域中，如果用户输入的数据不符合网址的格式，则在提交表单时，会提示"请输入网址"。年龄和成绩滑块分别指定了最小值、最大值、默认值，使用时不能超出范围。生日输入域使用的是 date 类型，单击会出现日历选择。其他关于时间和日期的选择域读者可自行设计测试。color 默认的颜色是黑色。单击 color 类型的输入域，会弹出与 windows 类似的选择颜色对话框。

2.2.6 HTML5 表单新特性之新的表单元素

HTML5 还新增了 datalist、keygen 和 output 等表单元素，本节介绍它们的功能和使用方法。

1. datalist 元素

datalist 元素用于定义输入域的选项列表。定义 datalist 元素的语法如下：

```
<datalist id="…">
    <option label="…" value="…" />
    <option label="…" value="…" />
    …
</datalist>
```

option 元素用于创建 datalist 元素中的选项列表，label 属性用于定义列表项的显示标签，value 属性用于定义列表项的值。在 <input> 标签中可以使用 list 属性引用 datalist 的 id。

【例 2-19】 设计网址输入页面，代码如下：

```
<!doctype html>
<html>
    <head>
        <title>例题 2-19</title>
        <meta charset="utf-8">
    </head>
    <body>
        <form method="get" action="#" id="form1" name="f1">
            <font>个人首页: </font><input type="url" name="gerenshouye"
size="50" list="data1"><br><br>
            <datalist id="data1">
                <option>http://www.baidu.com</option>
                <option>http://www.sohu.com</option>
                <option>http://www.hhvc.net.cn</option>
            </datalist>
            <input type="submit" value=" 确  定 ">  <input
type="reset" value=" 取消 ">
        </form>
    </body>
</html>
```

运行结果如图 2-28 所示。

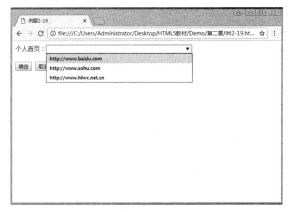

图 2-28 【例 2-19】运行结果

2. keygen 元素

keygen 元素用于提供一种验证用户的可靠方法，它是一个密钥对生成器。当提交表单时，会生成两个键：一个是私钥（private key），一个是公钥（public key）。私钥存储于客户端，公钥则被发送到服务器。公钥可用于之后验证用户的客户端证书。

服务器端由 ASP 或 PHP 等脚本语言接收和处理表单提交的数据，具体方法不是本书要讨论的内容，请参阅相关资料了解。

3. output 元素

output 元素用于显示不同类型的输出，例如计算或脚本的结果输出。onforminput 指定当表单获得用户输入时运行脚本，此时可以将结果显示在 output 元素中。

Reygen 和 Output 元素目前浏览器支持不多，感兴趣的读者可参考其他资料，本书不再举例。

2.2.7 HTML5 表单新特性之新的表单属性

HTML5 在 form 元素和 input 元素中新增了一些属性，丰富了它们的功能。本节介绍这些新增的表单属性。

1. form 元素的新增属性

在 HTML5 中，form 元素的新增属性如表 2-15 所示。form 元素的属性对表单内的所有元素都有效。

表 2-15　HTML5 form 元素的新增属性

属　　性	说　　　　　明
autocomplete	规定表单中的元素是否具有自动完成功能。所谓自动完成功能就是表单会记忆用户在表单元素中输入数据的历史记录。下次输入时会根据用户输入的字头提示匹配的历史数据，帮助用户完成输入。autocomplete="on" 表示启用自动完成功能；autocomplete="off" 表示停用自动完成功能。例如：<form action=" demo_form.asp" method="get" autocomplete="on">
novalidate	规定在提交表单时不验证数据，例如：<form action="demo_form.asp" method="get" novalidate>　如果不使用 novalidate，则会验证数据

2. input 元素的新增属性

在 HTML5 中，input 元素的新增属性如表 2-16 所示。

表 2-16　input 元素的新增属性

属　　性	说　　　　　明
autocomplete	与表 2-15 中的介绍相同，例如：<input type="text" name="fname" autocomplete="on"/>
autofocus	规定在页面加载时，域自动地获得焦点，例如：<input type="text" name="fname" autofocus/>
form	规定输入域所属的一个或多个表单。这样就可以在表单的外面定义表单域了。例如： <form action="demo_form.asp" method="get" id="user_form"> name:<input type="text" name="name" /> <input type="submit" /> </form> title: <input type="text" name="title" form="user_form" />
表单重写属性	重写 form 元素的某些属性。包括：form action，重写表单的 action 属性；form enctype，重写表单的 enctype 属性；form method，重写表单的 method 属性；form novalidate，重写表单的 novalidate 属性；form target，重写表单的 target 属性。 　表单重写属性通常只用于 submit 类型的 <input> 标签。例如： <form action="demo_form.asp" method="get" id="user_form"> E-mail: <input type="email" name="userid" /> <input type="submit" value="Submit" /> <input type="submit" formaction="demo_admin.asp" value=" 管理员提交 " />
height 和 width	规定用于 image 类型的 input 标签的图像高度和宽度
list	规定输入域的 datalist。datalist 是输入域的选项列表。在 2.2.6 小节中介绍 datalist 元素是已经介绍了 list 属性的用法
min、max 和 step 属性	为包含数字或日期的 input 类型规定限定。max 属性规定输入域所允许的最大值。min 属性规定输入域所允许的最小值。step 属性为输入域规定合法的数字间隔（如果 step="2"，则合法的数是 -2,0,2,4,6 等）。例如：<input type="number" name="points" min="0" max="10" step="3" /> 不是该域只接受最小 0、最大 10，步长为 2 的整数，包括 0、2、4、6、8、10，在 2.2.5 小节中使用 number 和 range 类型时介绍过这些属性的用法
multiple	规定输入域中可选择多个值，适用于 email 和 file 类型的 <input> 标签
novalidate	与表 2-15 中的介绍相同
pattern	规定用于验证 input 域的模式，模式（pattern）是正则表达式，关于正则表达式，有兴趣的读者可以参阅相关资料了解。下面是一个使用正则表达式指定 pattern 属性的例子，规定文本域只接受由三个字母的字符串：<input type="text" name="country_code" pattern="[A-z]{3}"/>
placeholder	提供一种提示（hint），描述输入域所期待的值。例如：<input type="text" name="title" placeholder=" 您的职务 "/>
required	规定必须在提交之前填写输入域，即不能为空。例如：<input type="text"name="title"required />

2.2.8　HTML5 表单新特性之表单验证

在提交 HTML5 表单时，浏览器会根据一些 input 元素的属性自动对其进行验证。例如前面已经介绍的 email、url 等类型的 input 元素会进行格式检查；使用 required 属性的 input 元素会检查是否输入数据；使用 pattern 属性的 input 元素会检查输入数据是否符合定义的模式等。这些都是由浏览器在提交数据时自动进行的。

如果用户需要显式地进行表单验证，还可以使用 HTML5 新增的一些相关特性。

【例 2-20】 定义一个表单 form1，其中包含两个用于输入密码的文本框和一个用于表单验证的按钮（检查 2 次输入密码是否一致），代码如下：

```html
<!doctype html>
<html>
    <head>
        <title> 例题 2-20</title>
        <meta charset="utf-8">
        <script type="text/javascript">
            function mycheck(){
                var d1=document.getElementById("p1");  //通过id名称获取网页中的元素
                var d2=document.getElementById("p2");
                if(d1.value=="")
                    d1.setCustomValidity(" 密码不能为空 ");
                else
                    d1.setCustomValidity("");
                if(d1.value!=d2.value)
                        d2.setCustomValidity(" 密码不一致 ");
                    else
                        d2.setCustomValidity("");
            }
        </script>
    </head>
    <body>
        <form method="get" action="#" id="form1" name="f1">
            <font> 密   码: </font><input type="password" name="password"
id= "p1"> <br><br>
            <font> 确认密码: </font><input type="password" name="password2"
id= "p2"><br><br>
            <input type="submit" value=" 确定 " onclick="mycheck()"> 
 <input type="reset" value=" 取消 ">
        </form>
    </body>
</html>
```

运行结果如图 2-29 所示。

单击图 2-29 中的"确定"按钮时,如果没有输入第一个密码,则会提示"请输入密码",如果两次输入密码不一致，则会在第 2 个密码域处提示"密码不一致"，如图 2-39 所示。

图 2-29 【例 2-20】运行结果

2.3 实训项目

项目一

① 项目要求：设计电影点评页。使用 <details> 标签进行分类展示，单击不同分类可列出对应电影的相关信息、电影海报以及评价等。

② 项目说明：本实训项目首先使用 HTML5 新标签中的结构标签来设计页面主体结构 header 和 article 将页面划分为页眉和正文部分。在页眉中添加标题和图片。在正文中首先根据所给素材使用 details 做细节展示，每个类型电影中使用无序列表的形式对每个电影的相关信息进行展示，并且添加电影海报图片，图片需要设置大小和对齐方式；在电影信息下面通过使用 meter 标签对电影评价信息进行图形化展示。

③ 运行结果如图 2-30 和图 2-31 所示。

图 2-30 项目一运行结果 1

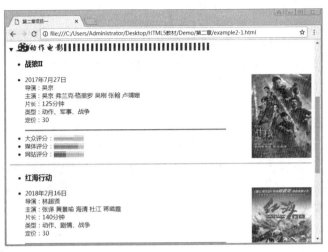

图 2-31　项目一运行结果 2

项目二

① 项目要求：在页面中显示"个人简历"表格。依照运行图效果，需要使用表格相关标签以及属性。

② 项目说明：本实训项目使用 table 标签、tr、th、th 标签定义表格结构，并使用相关属性设计外观。设计时采用按行设计的方式，前三行结构一致，定义好第一行修改表格内容即可，前三行的最后一个单元格实现跨行；之后定义第四行，需要使用跨列的设计，将后几个单元格进行合并；第五行与第四行一致，修改内容即可；最后两行也基本一致，只需要修改行高属性。

项目视频
2–2

③ 运行结果如图 2-32 所示。

图 2-32　项目二运行结果

项目三

① 项目要求：使用超链接锚点实现页面内部链接。单击内容可以跳转到不同位置，每个位置可以返回页面顶部。

② 项目说明：本实训项目首先设计页面内容，添加目录、图片，然后在目录和每个图片之前插入锚点，将相应的目录超链接连接到锚点上可实现单击目录内容跳转到相应图片位置。之后在图片后插入"返回"超链接，连接到目录位置即可。

③ 运行结果如图 2-33 所示。

图 2-33 项目三运行结果

项目四

① 项目要求：使用表单设计留言板页面。表单的内容显示布局使用表格。

② 项目说明：本实训项目首先添加图片和文字标题，之后使用表格进行页面布局，表格分两列，一列单元格中显示"您的姓名"等显示信息，一列添加 input 标签，表格最后三行需要进行跨列，每行合并成一个单元格，分别在单元格中添加显示信息"留言内容"、textarea 文本区域、按钮。页面中使用相关属性设计外观。注意：调试过程中给表格添加边框，调试完成将表格 border 赋值为 0 即可。

③ 运行结果如图 2-34 所示。

图 2-34 项目四运行结果

项目五

① 项目要求：定义框架结构，对本章所有项目进行统一展示。单击项目名称超链接，在框架主窗格中显示对应项目内容。

② 项目说明：本实训项目首先设计 top 页面，显示标题；然后设计 left 菜单页，

项目视频
2–5.mp4

使用超链接链接到每个项目页面。在框架页面中，第一步按行分两行，第一行链接 top 页面；第二行再次使用框架分两列，左边页面添加 left 页，右边可根据需要添加任意页面，并将右边框架结构进行命名。在 left 页面中将超链接的 target 属性修改为右边页面的名称。

③ 运行结果如图 2-35 所示。

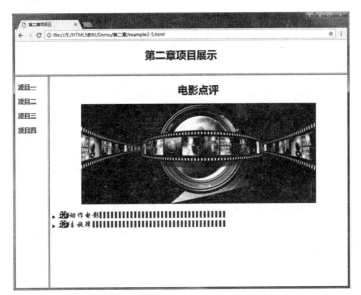

图 2-35　项目五运行结果

练　习　题

1. 单选题

（1）在 HTML 中插入一条水平线的标记是（　　）。

　　A．<td>　　　　　　B．<tr>　　　　　　C．<hr>　　　　　　D．<h1>

（2）网页中表格的绝对度量单位像素是（　　）。

　　A．px　　　　　　　B．pt　　　　　　　C．cm　　　　　　　D．mm

（3）表格的可见与否是靠（　　）来决定的。

　　A．单元格背景色　　B．单元格粗细　　C．边框颜色　　　　D．边框粗细

（4）在插入图像中，下面（　　）是用于鼠标指针移到图片上作注解说明的。

　　A．替换文本 alt　　　　　　　　　　　B．占位符

　　C．原始图像 img　　　　　　　　　　 D．鼠标经过图像 hover

（5）下面（　　）的电子邮件链接是正确的。

　　A．xxx.com.cn　　　B．xxx@.net　　　C．xxx@com　　　D．xxx@xxx.com

(6) 下面（　　）是换行符标签。

    A．<body>　　　　　B．<font>　　　　C．
　　　　D．<p>

(7) 常用的网页图像格式有（　　）。

    A．gif 和 tiff　　　B．tiff 和 jpg　　C．gif 和 jpg　　D．tiff 和 png

(8) 若要是设计网页的背景图形为 bg.jpg，以下标记中，正确的是（　　）。

    A．<body background="bg.jpg">　　　　B．<body bground="bg.jpg">

    C．<body image="bg.jpg">　　　　　　D．<body bgcolor="bg.jpg">

(9) 以下标记中，用于定义一个单元格的是（　　）。

    A．<td> </td>　　　　　　　　B．<tr>…</tr>

    C．<table>…</table>　　　　　　D．<caption>…</caption>

(10) 用于设置表格背景颜色的属性的是（　　）。

    A．background　　　　　　　　B．bgcolor

    C．BorderColor　　　　　　　　D．backgroundColor

(11) 以下创建 mail 链接的方法，正确的是（　　）。

    A．<a href="master@163.com"> 管理员 </a>

    B．<a href="callto:master@163.com"> 管理员 </a>

    C．<a href="mailto:master@163.com"> 管理员 </a>

    D．<a href="Email:master@163.com"> 管理员 </a>

(12) 用于定义下画线字体的标签是（　　）。

    A．<b>…</b>　　B．<a>…</a>　　C．<u>…</u>　　D．<i>…</i>

(13) 用于定义表格的标签是（　　）。

    A．<table>…</table>　　　　　　B．<tr>…</tr>

    C．<td>…</td>　　　　　　　　D．<th>…</th>

(14) 用于定义表格中的一行的标签是（　　）。

    A．<table>…</table>　　　　　　B．<tr>…</tr>

    C．<td>…</td>　　　　　　　　D．<th>…</th>

(15) 在 <form> 标签中，制订处理表单提交数据的脚本文件的属性为（　　）。

    A．id　　　　B．name　　　C．action　　　D．method

(16) 在 <form> 标签中，制订处理表单提交数据的提交方式的属性为（　　）。

    A．id　　　　B．name　　　C．action　　　D．method

(17) 在 <input> 标签中将 type 属性设置为（　　）即可定义单选按钮。

    A．check　　　B．radio　　　C．select　　　D．text

(18) 在 <input> 标签中将 type 属性设置为（　　）即可定义复选框。

    A．checkbox　　B．radio　　　C．select　　　D．text

(19) 在 <input> 标签中将 type 属性设置为（　　）即可定义单行文本框。

    A．checkbox　　B．radio　　　C．select　　　D．text

（20）在 <input> 标签中将 type 属性设置为（　　）即可定义密码框。

    A．checkbox   B．radio   C．password   D．text

（21）表单中使用（　　）可定义组合框。

    A．select   B．radio   C．password   D．text

（22）可以使用一个（　　）进制数表示颜色，格式为 #RGB。

    A．16   B．8   C．10   D．2

2．判断题

（1）用 H1 标记符修饰的文字通常比用 H6 标记符修饰的文字要小。　　　　（　　）

（2）B 标记符表示用粗体显示所包括的文字。　　　　（　　）

（3）HTML 表格在默认情况下有边框。　　　　（　　）

（4）使用 font 标记符的 size 属性可以指定字体的大小。　　　　（　　）

（5）超链接使用的是 <a> 标签。　　　　（　　）

（6）HTML 语言中使用 <image> 标签来处理图片。　　　　（　　）

（7）合并单元格，使得一个单元格跨越多个列所使用的属性是 colspan。　　　　（　　）

（8）<ul> 标签标示无序列表。　　　　（　　）

（9）HTML5 中新增的输入日期值的 input 输入域的类型为 date。　　　　（　　）

（10）框架是一种能在同一个浏览器窗口中显示多个网页的技术。　　　　（　　）

3．多选题

（1）在 HTML 中，属于表格 <table> 标记属性的有（　　）。

    A．width   B．height   C．cellspacing   D．cellpaddin

    E．bgcolor

（2）以下是单标签的有（　　）。

    A．h1   B．h2   C．hr   D．br

    E．div

（3）以下（　　）是 HTML5 中的 input 新类型。

    A．text   B．color   C．email   D．textarea

    E．number

4．填空题

（1）HTML 语言中使用 ＿＿＿＿ 标签来处理图像，使用 ＿＿＿＿ 标签来处理超链接。

（2）可以使用 ＿＿＿＿ 标签定义表单，在 <input> 标签中，指定控件的类型的属性为 ＿＿＿＿ 。

（3）文本区域是用于输入 ＿＿＿＿ 的表单控件，可以使用 ＿＿＿＿ 标签定义文本区域。

（4）可以使用 <input> 标签定义按钮，通过 type 属性指定按钮类型。type= ＿＿＿＿ 指定提交按钮，type= ＿＿＿＿ 指定重置按钮。

5. 简答题

（1）试列举 HTML5 中新增的 input 类型。

（2）试列举 HTML5 中新增的表单元素。

进阶篇

本篇主要学习两部分内容：层叠样式表即 CSS，以及嵌入到页面中运行的脚本语言即 JavaScript。其中，CSS 部分首先学习 CSS 基础知识，之后进一步学习 CSS3 的新特性。JavaScript 部分则通过基础语法、常用语句和函数、面向对象程序设计以及 JS 事件几部分进行学习。通过学习本篇内容，读者可使用 HTML +CSS+JavaScript 设计美观的网页。

第3章

层叠样式表 CSS3

学习目标

- 了解 CSS 的作用和地位。
- 掌握用 CSS 设计页面格式的方法。
- 了解 CSS3 的新特性。

层叠样式表（CSS）是用来定义网页的显示格式的，使用它可以设计出更加整洁、漂亮的网页。目前最新版本的层叠样式表是 CSS3，其中扩充了很多新颖的界面效果。CSS3 并不是 HTML5 的组成部分，但是，CSS3 和 HTML5 有着很好的兼容性。俗话说："好马配好鞍"，HTML5、CSS3 和 jQuery 被称为未来 Web 应用的三驾马车。因此建议在 HTML5 网页中使用 CSS3 设计全新的显示效果。

3.1　HTML 和 CSS

在学习 CSS3 之前，首先应了解一下 CSS 的基础知识和基本功能，这样既能做到循序渐进，又可以对比 CSS3 的新增特性。

3.1.1　什么是 CSS

层叠样式表（Cascading Style Sheets，CSS）可以扩展 HTML 的功能，重新定义 HTML 元素的显示方式。CSS 所能改变的属性包括字体、元素间的距离、列表、颜色、背景、页边距和位置等。使用 CSS 的好处在于用户只需要一次性定义元素的显示样式，就可以在各个网页中统一使用了，这样既避免了程序员的重复劳动，也可以使系统的界面风格统一。

CSS 是一种能使网页格式化的标准。使用 CSS 可以使网页格式与网页内容文档分开，让内容部分更易阅读，结构更清晰，CSS 格式设置部分更集中，语法格式统一，易操作。

定义 CSS 的语句形式如下：

```
selector{property:value; property:value; ...}
```

其中各元素的说明如下。

- selector：选择器。有 3 种选择器，第一种是 HTML 的标签，书写时不加尖括号，比如 p、body、a 等；第二种是类 class，类名前加一个"."号；第三种是 ID，ID 名前要加一个"#"号。
- property：就是那些将要被修改的属性，比如 color。
- value：property 的值，比如 color 的属性值可以是 red。

通常把所有的定义都包括在 style 元素中，style 元素在 <head> 和 </head> 之间使用。

【例 3-1】　在 HTML 中使用 CSS 设置显示风格的例子。

```
<!doctype html>
<html>
<head>
    <style type="text/css">
        a {color: red}
        p {background-color:blue; color:white}
    </style>
</head>
<body>
    <a href=#> 这里改变了超级链接文字的默认颜色。</a>
    <p> 看到这里的颜色和背景了吗？这就是在 CSS 中设置的效果。</p>
    这一行是没有设置效果的样子。
</body>
</html>
```

运行结果如图 3-1 所示。

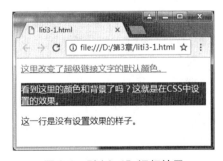

图 3-1　【例 3-1】运行结果

3.1.2　在 HTML 文档中应用 CSS

【例 3-1】已经介绍了在 HTML 文档中应用 CSS 的一种简单方法。本节再系统地介绍一下在 HTML 文档中应用 CSS 的方法。

1. 行内样式表

在 HTML 元素中使用 style 属性可以指定该元素的 CSS 样式，这种应用称为行内样式表。

【例 3-2】 使用行内样式表定义网页的背景为红色，代码如下：

```
<html>
<head>
    <title>使用行内样式表的例子</title>
</head>
<body style="background-color: red;">
    <p>网页背景设置为红色。</p>
</body>
</html>
```

2. 内部样式表

在网页中可以使用 style 元素定义一个内部样式表，指定该网页内元素的 CSS 样式。【例 3-1】演示的就是这种用法。

3. 外部样式表

一个网站包含很多网页，通常这些网页都使用相同的样式，如果在每个网页中重复定义样式表，那显然是很麻烦的。为解决这样的问题，可以定义一个样式表文件，样式表文件的扩展名为 .css，例如 style.css，有相同样式的网页可以引用同一个样式表文件。

在 HTML 文档中可以使用 link 元素引用外部样式表。link 元素的属性如表 3-1 所示。

表 3-1 link 元素的属性

属 性	具 体 描 述
charset	使用的字符集，HTML5 中已经不支持
href	指定被链接文档（样式表文件）的位置
hreflang	指定在被链接文档中的文本的语言
media	指定被链接文档将被显示在什么设备上。可以是下面的值： • all：默认值，适用于所有设备 • aural：语音合成器 • braille：盲文反馈装置 • handheld：手持设备（小屏幕、有限的带宽） • projection：投影机 • print：打印预览模式 / 打印页 • screen：计算机屏幕 • tty：电传打字机以及类似的使用等宽字符网格的媒介 • tv：电视类型设备（低分辨率、有限的滚屏能力）

续表

属　性	具　体　描　述
rel	指定当前文档与被链接文档之间的关系。可以是下面的值： • alternate：链接到该文档的替代版本（例如打印页、翻译或镜像） • author：链接到该文档的作者 • help：链接到帮助文档 • icon：表示该文档的图标 • licence：链接到该文档的版权信息 • next：集合中的下一个文档 • pingback：指向 pingback 服务器的 URL • prefetch：规定应该对目标文档进行缓存 • prev：集合中的前一个文档 • search：链接到针对文档的搜索工具 • sidebar：链接到应该显示在浏览器侧栏的文档 • stylesheet：指向要导入的样式表的 URL • tag：描述当前文档的标签（关键词）
rev	保留关系，HTML5 中已经不支持
sizes	指定被链接资源的尺寸。只有当被链接资源是图标时 (rel="icon")，才能使用该属性
target	链接目标，HTML5 中已经不支持
type	指定被链接文档的 MIME 类型

【例 3-3】　演示外部样式表的使用。创建一个 style.css 文件，内容如下：

```
a {color: red}
p {background-color:blue; color:white}
```

引用 style.css 的 HTML 文档的代码如下：

```
<!doctype html>
<html>
<head>
    <link rel="stylesheet" type="text/css" href="style.css" />
</head>
<body>
    <a href=#> 这里改变了超级链接文字的默认颜色。</a>
    <p> 看到这里的颜色和背景了吗？这就是在 CSS 中设置的效果。</p>
    这一行是没有设置效果的样子。
</body>
</html>
```

运行结果与【例 3-1】相同。

3.1.3 颜色与背景

在 CSS 中可以使用一些属性定义 HTML 文档的颜色和背景，常用的设置颜色和背景的 CSS 属性如表 3-2 所示。

表 3-2 常用的设置颜色和背景的 CSS 属性

属　　性	具　体　描　述
color	设置前景颜色，主要用于设置文本颜色。【例 3-1】中已经演示了 color 属性的使用，例如：A {color: red}
background-color	用来改变元素的背景颜色。【例 3-1】中已经演示了 background-color 属性的使用，例如：P {background-color:blue; color:white}
background-image	设置背景图像的 URL 地址
background-attachment	指定背景图像是否随着用户滚动窗口而滚动。该属性有两个属性值，fixed 表示图像固定，acroll 表示图像滚动
background-position	用于改变背景图像的位置。此位置是相对于左上角的相对位置
background-repeat	指定平铺背景图像。可以是下面的值： • repeat-x：指定图像横向平铺 • repeat-y：指定图像纵向平铺 • repeat：指定图像横向和纵向都平铺 • norepeat：指定图像不平铺

【例 3-4】 演示设置背景图像的例子。

```
<!doctype html>
<html>
<head>
    <title>用 CSS 设置背景图像</title>
    <style type="text/css">
        body{
        background-image:url(sun.jpg);
        background-repeat:repeat-x;
        }

    </style>
</head>
<body>
    <p>CSS 背景图片横向平铺效果。</p>
</body>
</html>
```

运行结果如图 3-2 所示。

图 3-2　【例 3-4】运行结果

3.1.4　设置文字

在 CSS 中可以使用一些属性定义 HTML 文档中文字的字体、字形、大小，常用的设置文字的 CSS 属性如表 3-3 所示。

表 3-3　常用的设置文字的 CSS 属性

属　　　性	具　体　描　述
font-family	设置文本的字体。有些字体不一定被用户浏览器支持，在定义时可以多给出几种字体。例如： P {font-family: Verdana, Forte, "Times New Roman"} 浏览器在处理上面这个定义时，首先使用 Verdana 字体，如果 Verdana 字体不存在，则使用 Forte 字体，如果还不存在，最后使用 Times New Roman 字体
font-size	设置字体的尺寸
font-style	设置字体样式，normal 表示普通，bold 表示粗体，italic 表示斜体
font-variant	设置小型大写字母的字体显示文本，也就是说，所有的小写字母均会被转换为大写，但是所有使用小型大写字体的字母与普通大写字母相比，其字体尺寸更小。可以是下面的值： • normal：默认值，指定显示一个标准的字体 • small-caps：指定显示小型大写字母的字体 • inherit：指定应该从父元素继承 font-variant 属性的值
font-weight	设置字体重量，normal 表示普通，bold 表示粗体，bolder 表示更粗的字体，lighter 表示较细的字体

【例 3-5】　演示设置字体的例子。

```
<html>
<head>
<title>设置字体的例子</title>
    <style type = "text/css">
        h1{font-family: arial, verdana, sans-serif; font-weight: bold;
font-size: 30px;}
        p{ font-family: 宋体; font-weight: normal; font-size: 9px;}
    </style>
</head>
<body>
```

```
    <h1> html5</h>
    <p>2014 年 10 月 29 日，万维网联盟泪流满面地宣布，经过几乎 8 年的艰辛努力，HTML5
标准规范终于最终制定完成了，并已公开发布。<br>
    在此之前的几年时间里，已经有很多开发者陆续使用了 HTML5 的部分技术，Firefox、Google
Chrome、Opera、Safari 4+、Internet Explorer 9+ 都已支持 HTML5，但直到今天，我们才
看到 " 正式版 "。
    </p>
</body>
</html>
```

网页使用 arial（verdana 和 sans-serif 为备用字体）加粗、30 px 大小的字体作为标题字体，使用宋体、9 px 大小的字体作为正文字体。运行结果如图 3-3 所示。

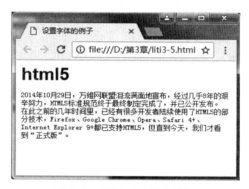

图 3-3 【例 3-5】运行结果

3.1.5 设置文本属性

在 CSS 中可以使用一些属性定义 HTML 文档中文本的属性。

1. 设置文本对齐

使用 text-align 属性可以设置元素中文本的水平对齐方式。text-align 属性可以是下面的值：

- left：左侧对齐；默认值。
- right：右侧对齐。
- center：居中对齐。
- inherit：指定应该从父元素继承 text-align 属性的值。

【例 3-6】 演示设置文本对齐的例子。

```
<html>
<head>
    <title>设置文本对齐的例子 </title>
    <style type = "text/css">
        h1{text-align:center}
        h2{text-align:left}
```

```
        h3{text-align:right}
        p{font-size:20;}
    </style>
</head>
<body>
    <h1>请假条</h1>
    <h2>老师您好：</h2>
    <p>我今天感冒发烧严重，无法听课，特向您请假，忘准。</p>
    <h3>您的学生：李浩</h3>
    <h3>2018 年 5 月 17 日</h3>
</body>
</html>
```

运行结果如图 3-4 所示。

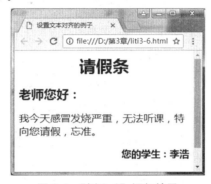

图 3-4 【例 3-6】运行结果

2．设置文本的修饰

使用 text-decoration 属性可以设置元素中文本的修饰。text-decoration 属性可以是下面的值：

- none：默认值，定义标准的文本。
- underline：定义文本下的一条线。
- overline：定义文本上的一条线。
- line-through：定义穿过文本的一条线。
- blink：定义闪烁的文本。
- inherit：指定应该从父元素继承 text-decoration 属性的值。

【例 3-7】 演示设置文本修饰的例子。

```
<html>
<head>
    <title>设置不带下画线的超级链接文字</title>
    <style type="text/css">
        a{text-decoration:none;}
    </style>
```

```
    </head>
    <body>
        <h1>HTML5</h1>
        <p>2014 年 10 月 29 日，<a href=#> 万维网联盟 </a> 泪流满面地宣布，经过几乎 8 年
的艰辛努力，<a href=#>HTML5 标准规范 </a> 终于最终制定完成了，并已公开发布。<br>
            在此之前的几年时间里，已经有很多开发者陆续使用了 HTML5 的部分技术，Firefox、Google
Chrome、Opera、Safari 4+、Internet Explorer 9+ 都已支持 HTML5，但直到今天，我们才
看到 " 正式版 "。
        </p>
    </body>
</html>
```

运行结果如图 3-5 所示。

图 3-5 【例 3-7】运行结果

3. 设置文本的缩进

使用 text-indent 属性可以设置文本块中首行文本的缩进。

【例 3-8】 演示设置文本缩进的例子。

```
<!doctype html>
<html>
<head>
    <title> 设置文本缩进 </title>
    <style type="text/css">
        a{text-decoration:none;}
        p{text-indent:50px;}
    </style>
</head>
<body>
    <h1>HTML5</h1>
        <p>2014 年 10 月 29 日，<a href=#> 万维网联盟 </a> 泪流满面地宣布，经过几乎 8 年
的艰辛努力，<a href=#>HTML5 标准规范 </a> 终于最终制定完成了，并已公开发布。</p>
```

```
    <p>在此之前的几年时间里，已经有很多开发者陆续使用了HTML5的部分技术，Firefox、Google
Chrome、Opera、Safari 4+、Internet Explorer 9+都已支持HTML5，但直到今天，我们才看到"
正式版"。</p>
    </body>
    </html>
```

运行结果如图 3-6 所示。

图 3-6　【例 3-8】运行结果

4. 设置文本的字间距

使用 word-spacing 属性可以设置文本的词间距，用 letter-spacing 属性可以设置字符间距。属性值可以是正值，也可以是负值。如果是正值，则间距会增大；如果是负值，则间距会缩小。

【例 3-9】　演示设置文本词间距和字符间距的例子。

```
<!doctype html>
<html>
<head>
    <title>【例 3-9】</title>
    <style type="text/css">
        p.spreadword {word-spacing: 20px;}
        p.spreadletter {letter-spacing: 20px;}
        p.tightword {word-spacing: -5px;}
        p.tightletter {letter-spacing: -5px;}
    </style>
</head>
<body>
    <p>测试字符串。Test string.</p>
    <p class="spreadword">测试字符串。Test string.</p>
    <p class="spreadletter">测试字符串。Test string.</p>
    <p class="tightword">测试字符串。Test string.</p>
    <p class="tightletter">测试字符串。Test string.</p>
```

```
    </body>
    </html>
```

运行结果如图 3-7 所示。

图 3-7 【例 3-9】运行结果

5. 设置文本的行间距

使用 line-height 属性可以设置文本的行间距。line-height 的属性大于 100%，则增大行间距；line-height 的属性值小于 100%，则缩小行间距。

【例 3-10】 演示设置文本行间距的例子。

```
<!doctype html>
<html>
<head>
    <title>设置行高</title>
    <style type="text/css">
        p.short{line-height:90%}
        p.high{line-height:200%}
    </style>
</head>
<body>
    <h1>HTML5</h1>
    <p class="short">2014 年 10 月 29 日，<a href=#> 万维网联盟 </a> 泪流满面地
宣布，经过几乎 8 年的艰辛努力，<a href=#>HTML5 标准规范 </a> 终于最终制定完成了，并已公
开发布。</p>
    <p class="high"> 在此之前的几年时间里，已经有很多开发者陆续使用了 HTML5 的部
分技术，Firefox、Google Chrome、Opera、Safari 4+、Internet Explorer 9+ 都已支持
HTML5，但直到今天，我们才看到"正式版"。</p>
    </body>
    </html>
```

运行结果如图 3-8 所示。

图 3-8　【例 3-10】运行结果

6. 处理文本中的空白符

使用 white-space 属性可以处理文本中的空白符。white-space 属性可以是下面的值：

- normal：默认值，空白会被浏览器忽略。
- pre：空白会被浏览器保留，类似 HTML 中的 <pre> 标签。
- nowrap：文本不会换行，文本会在同一行上继续，直到遇到
 标签为止。
- pre-wrap：保留空白符序列，但是正常地进行换行。
- pre-line：合并空白符序列，但是保留换行符。
- inherit：指定应该从父元素继承 white-space 属性的值。

【例 3-11】　演示禁止元素中的文本折行。

```
<html>
<head>
    <title>【例 3-11】</title>
    <style type="text/css">
        a{text-decoration:none;}
        p{white-space: nowrap}
    </style>
</head>
<body>
    <h1>HTML5</h1>
    <p>2014 年 10 月 29 日，<a href=#> 万维网联盟 </a> 泪流满面地宣布，经过几乎 8 年
的艰辛努力，<a href=#>HTML5 标准规范 </a> 终于最终制定完成了，并已公开发布。</p>
    <p> 在此之前的几年时间里，已经有很多开发者陆续使用了 HTML5 的部分技术，Firefox、
Google Chrome、Opera、Safari 4+、Internet Explorer 9+ 都已支持 HTML5，但直到今天，
我们才看到 " 正式版 "。</p>
</body>
</html>
```

运行结果如图 3-9 所示。

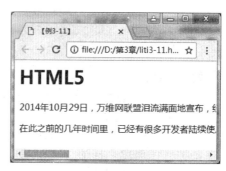

图 3-9 【例 3-11】运行结果

3.1.6 超链接

超链接是网页中很常用的元素，因此设置超链接的样式关系到网页的整体外观和布局。

可以通过选择器 a 设置超链接的样式，通常是设置超链接的颜色和字体。

CSS 还提供了下面的超链接选择器：

- a:link：未访问过的超链接。
- a:hover：鼠标指针悬停状态时的超链接。
- a:active：鼠标单击时的超链接。
- a:visited：访问过的超链接。

【例 3-12】 设置各种状态的超链接样式。

```
<!doctype html>
<html>
<head>
    <title>改变链接文字的颜色</title>
    <style type="text/css">
        a{text-decoration:none;}
        a:link{color:red; font-family: 楷体;font-size: 20px;}
        a:hover{color:orange;font-style: italic; font-family: 幼圆; font-
size: 10px;}
        a:active{ background-color: #ffff00; font-family: 仿宋;font-size:
30px;}
        a:visited{color:blue; #ffff00; font-family: 宋 体; font-
weight:40px; font-size: 20px;}
    </style>
</head>
<body>
    <a href="#">我会变颜色，还会变大变小哦！</a>
</body>
</html>
```

运行结果如图 3-10 所示。

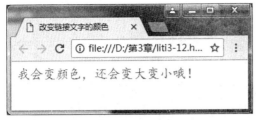

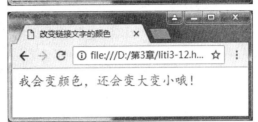

图 3-10 【例 3-12】运行结果

3.1.7 列表

在 HTML 中可以使用下面的标签定义列表：

- ul：定义无序列表。
- ol：定义有序列表。
- li：定义列表项。

在 CSS 中，可以设置列表的样式，可以使用 list-style-type 属性设置列表项标记的类型，其取值如表 3-4 所示。

表 3-4 list-style-type 属性的取值

属 性 值	具 体 描 述
none	没有标记
disc	默认值，标记是实心圆
circle	标记是空心圆
square	标记是实心方块
decimal	标记是数字
decimal-leading-zero	0 开头的数字标记（01、02、03 等）
lower-roman	小写罗马数字（i、ii、iii、iv、v 等）
upper-roman	大写罗马数字 I、II、III、IV、V 等）
lower-alpha	小写英文字母（a、b、c、d、e 等）
upper-alpha	大写英文字母（A、B、C、D、E 等）
lower-greek	小写希腊字母（alpha、beta、gamma 等）
hebrew	传统的希伯来编号方式
armenian	传统的亚美尼亚编号方式
georgian	传统的乔治亚编号方式（an、ban、gan 等）

属 性 值	具 体 描 述
cjk-ideographic	简单的表意数字
hiragana	标记是 a、i、u、e、o、ka、ki 等日文片假名
katakana	标记是 A、I、U、E、O、KA、KI 等日文片假名
hiragana-iroha	标记是 i、ro、ha、ni、ho、he、to 等日文片假名
katakana-iroha	标记是 I、RO、HA、NI、HO、HE、TO 等日文片假名

列表项前面除了可以使用标记标明外，还可以使用 list-style-image 属性设置列表项前面的图像。

【例 3-13】 设置无序列表和有序列表样式。

```
<!DOCTYPE HTML>
<html>
<head>
    <title>列表项样式</title>
</head>
    <style type="text/css">
        ul {list-style-type: circle}
        ol {list-style-type: lower-roman}
        .most{list-style-image:url(heart.jpg)}
    </style>
<body>
    <h4>你知道的软件有哪几类？具体有什么软件？你最喜欢用哪个？</h4>
    <ol>
        <li>浏览器</li>
            <ul>
                <li>微软浏览器</li>
                <li class="most">谷歌浏览器</li>
                <li>火狐浏览器</li>
                <li>360 安全浏览器</li>
            </ul>
        <li>办公软件</li>
            <ul>
                <li class="most">Office</li>
                <li>WPS</li>
            </ul>
        <li>视频软件</li>
            <ul>
                <li>乐视</li>
```

```
        <li>咪咕视频 </li>
        <li class="most"> 爱奇艺 </li>
    </ul>
    <li> 杀毒软件 </li>
    <ul>
        <li> 金山毒霸 </li>
        <li class="most">360 杀毒 </li>
        <li> 卡巴斯基 </li>
    </ul>
    </ol>
</body>
</html>
```

运行结果如图 3-11 所示。

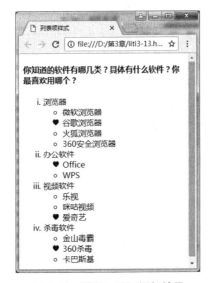

图 3-11 【例 3-13】运行结果

3.1.8 表格

在 CSS 中可以设置表格的样式。选择器通常使用 table（设置整个表格的样式）、th（设置表头单元格的样式）和 td（设置单元格的样式）。

CSS 的表格属性如表 3-5 所示。

表 3-5 CSS 的表格属性

属 性	具 体 描 述
background-color	背景色
border-spacing	分隔单元格边框的距离

续表

属　性	具　体　描　述
border-collapse	设置使用折叠边框（即单线条边框）
caption-side	表格标题的位置（top 或 left）
empty-cells	是否显示表格中的空单元格
height	表格的高度
padding	表格中内容与边框的距离
table-layout	设置显示单元、行和列的算法
text-align	设置表格中文本的水平对齐方式，包括左对齐（left，默认值）、右对齐（right）和居中（center）
vertical-align	设置表格中文本的垂直对齐方式，包括顶端对齐（top）、底端对齐（bottom）和居中对齐（middle）等
width	表格的宽度

【例 3-14】 制作一个漂亮的表格，代码如下：

```
<!DOCTYPE html>
<html>
<head>
    <meta charset=utf-8" />
    <title>课程表</title>
    <style type="text/css">
        h3{margin:0;padding:0}
        table,th,td{
            text-align:center;
            border:1px solid blue;
            border-collapse:collapse;
        }
        table{
            width:100%;
            height:100px;
        }
        th{background-color:#6633FF;}
        .d1{background-color:#FF66FF;}
        .d2{background-color:#3399FF;}
        .d3{background-color:#FFCC00;}
        caption{caption-side:top;}
    </style>
</head>
```

```
<body>
    <table>
        <caption><h3> 课程表 </h3></caption>
        <tr><th> 节次 </th><th> 星期一 </th><th> 星期二 </th><th> 星期三 </th>
            <th> 星期四 </th><th> 星期五 </th></tr>
        <tr class="d1"><td> 第一节 </td><td> 语文 </td><td> 英语 </td><td> 数学 </td>
            <td> 英语 </td><td> 语文 </td></tr>
        <tr class="d1"><td> 第二节 </td><td> 数学 </td><td> 语文 </td><td> 物理 </td>
            <td> 数学 </td><td> 英语 </td></tr>
        <tr class="d1"><td> 第三节 </td><td> 化学 </td><td> 历史 </td><td> 政治 </td>
            <td> 音乐 </td><td> 数学 </td></tr>
        <tr class="d1"><td> 第四节 </td><td> 英语 </td><td> 体育 </td><td> 语文 </td>
            <td> 地理 </td><td> 生物 </td></tr>
        <tr class="d2"><td colspan="6"> 午休时间 </td></tr>
        <tr class="d3"><td> 第五节 </td><td> 历史 </td><td> 心理 </td><td> 语文 </td>
            <td> 体育 </td><td> 美术 </td></tr>
        <tr class="d3"><td> 第六节 </td><td> 地理 </td><td> 生物 </td><td> 语文 </td>
            <td> 数学 </td><td> 历史 </td></tr>
        <tr class="d3"><td> 第七节 </td><td> 自习 </td><td> 自习 </td><td> 自习 </td>
            <td> 自习 </td><td> 自习 </td></tr>
        <tr class="d3"><td> 第八节 </td><td> 自习 </td><td> 自习 </td><td> 自习 </td>
            <td> 自习 </td><td> 自习 </td></tr>
    </table>
</body>
</html>
```

运行结果如图 3-12 所示。

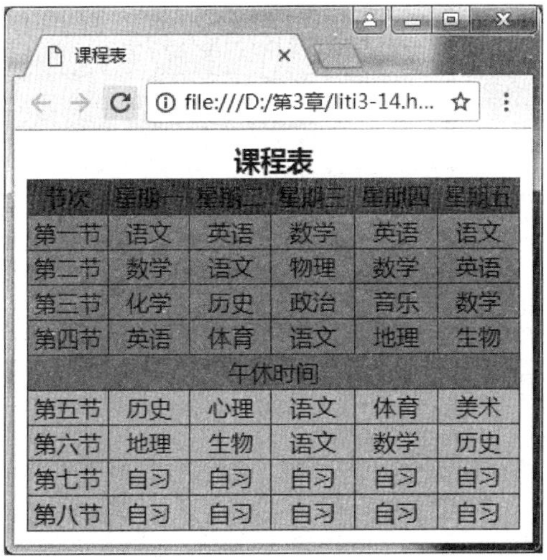

图 3-12 【例 3-14】运行结果

3.1.9 CSS 轮廓

轮廓（outline）是绘制于元素周围的一条线，位于 border 的外围，可以起到突出元素的作用。在 CSS 中可以通过如表 3-6 ～表 3-8 所示的轮廓属性设置轮廓的样式、颜色和宽度。

表 3-6 CSS 的轮廓属性

属 性	具 体 描 述
outline	在一个声明中设置所有的轮廓属性，轮廓属性的顺序为颜色、样式和宽度。例如，下面代码定义 p 元素的轮廓为红色、点线和粗线：p {outline:red dotted thick; }
outline-color	设置轮廓的颜色。例如，下面代码定义 p 元素的轮廓为红色：p {outline-color:red;}
outline-style	设置轮廓的样式。轮廓样式的可选值如表 3-7 所示
outline-width	设置轮廓的宽度。轮廓宽度的可选值如表 3-8 所示

表 3-7 CSS 轮廓样式的可选值

属性值	具 体 描 述
none	默认值，表示无轮廓
dotted	点状的轮廓
dashed	虚线轮廓
solid	实线轮廓
double	双线轮廓，双线的宽度等同于 outline-width 属性的值
groove	3D 凹槽轮廓，此效果取决于 outline-color 属性的值
ridge	3D 凸槽轮廓，此效果取决于 outline-color 属性的值
inset	3D 凹边轮廓，此效果取决于 outline-color 属性的值
outset	3D 凸边轮廓，此效果取决于 outline-color 属性的值
inherit	规定从父元素继承轮廓样式的设置

表 3-8 CSS 轮廓宽度的可选值

属 性 值	具 体 描 述	属 性 值	具 体 描 述
thin	细轮廓	length	规定轮廓粗细的数值
medium	默认值，中等的轮廓	inherit	规定从父元素继承轮廓宽度的设置
thick	粗的轮廓		

【例 3-15】 设置元素轮廓的例子，代码如下。

```
<!DOCTYPE html>
<html>
<head>
    <meta charset=utf-8" />
    <title>字画边框</title>
    <style type="text/css">
```

```
    #div1{
        border:yellow solid 10px;
        outline:#F6C groove 10px;
        width:300px;
        height:200px;
    }
    img{
        width:100%;
        height:100%;
    }
    </style>
</head>
<body>
<div id="div1"><img src="tree.jpg" ></div>
</body>
</html>
```

运行结果如图 3-13 所示。

图 3-13 【例 3-15】运行结果

3.1.10 浮动元素

浮动是一种网页布局的效果，浮动元素可以独立于其他元素，例如，可以实现图片周围文字环绕的效果。在 CSS 中可以通过 float 属性实现元素的浮动，float 属性的可选值如表 3-9 所示。

网页设计中经常通过设置列表项的 float 属性，制作导航栏。

表 3-9 float 属性的可选值

属性值	具 体 描 述
left	元素向左浮动
right	元素向右浮动
none	默认值。元素不浮动，并会显示在其在其本文中出现的位置
inherit	规定从父元素继承 float 属性的值

【**例3-16**】 演示导航栏的制作。代码中使用"float:left"定义列表项元素依次向左侧浮动。

```
<!doctype html>
<html>
<head>
    <title>我的博客</title>
    <style type="text/css">
        html,body,ul,li,h1{
            margin: 0;
            padding: 0;
        }
        #header{background: 9px 0 url(bg.jpg) repeat-x;}
        h1{
            height:95px;
            color: #fff;
            font:35px "楷体";
            line-height:95px;
            text-indent:50px;
        }
        #nav{
            background:url(nav.jpg) repeat-x;
            height:40px;
            font:20px;
        }
        #nav ul{
            padding-top: 10px;
            list-style: none;
        }
        #nav li{
            float:left;
            padding-left:10px;
        }
    </style>
</head>
<body>
    <div id="header">
        <h1>欢迎访问我的博客</h1>
    </div>
    <div id="nav">
        <ul>
            <li><a href="#">个人经历</a></li>
            <li><a href="#">我的文章</a></li>
            <li><a href="#">照片</a></li>
```

```
        <li><a href="#">联系方式</a></li>
      </ul>
    </div>
  </body>
</html>
```

运行结果如图 3-14 所示。

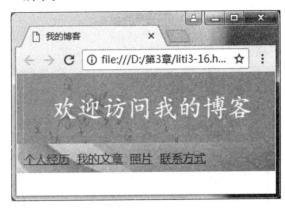

图 3-14 【例 3-16】运行结果

3.2 CSS3 新特性

与 HTML5 对应，CSS3 是 CSS 的最新升级版本，可以使我们的网页效果更丰富。

3.2.1 实现圆角效果

所有的 HTML 元素边框都是直角的，这虽然整洁、严谨，但用多了，难免显得死板。在 CSS3 中，可以使用 border-radius 属性实现圆角效果，基本语法如下：

```
border-radius:圆角半径;
```

【例 3-17】 使用 border-radius 属性实现圆角效果的例子，代码如下：

```
<html>
<head>
    <title>圆角边框</title>
    <style type="text/css">
        section{
            padding:20px;
            border:3px solid #000;
            border-radius:20px;
        }
```

```
    </style>
</head>
<body>
    <section>
    <h1>圆角边框。</h1>
    </section>
</body>
</html>
```

运行结果如图 3-15 所示。

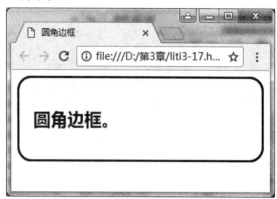

图 3-15 【例 3-17】运行结果

【例 3-17】在 CSS 样式中定义了 section 元素拥有实线边框，采用圆角边框。

可以看到，border-radius 属性实现矩形的全圆角（即 4 个圆角），如果是正方形并将圆角半径设置得足够大，就可以实现圆形边框。

还可以使用下面的属性单独定义指定的圆角。

- border-top-right-radius：定义右上角的圆角半径。
- border-bottom-right-radius：定义右下角的圆角半径。
- border-bottom-left-radius：定义左下角的圆角半径。
- border-top-left-radius：定义左上角的圆角半径。

【例 3-18】 使用 border-radius 属性实现圆形边框的例子，代码如下。

```
<html>
<head>
    <title>笑脸</title>
    <style type="text/css">
        section{
            padding:0px;
            border:3px solid #000;
            text-align: center;
            font:normal 30px/100% Arial;
            text-shadow:1px 1px 1px #000;
```

```
            color:#fff;
            background-color:yellow;
            width:240px;
            height:240px;
            border-radius:120px;
        }
        #eyel{
            border:3px solid #000;
            background-color:#000;
            border-radius: 10px 30px;
            float:left;
            width:60px;
            height:30px;
            margin-top:70px;
            margin-left:35px;
        }
        #eyer{border:3px solid #000;
            background-color:#000;
            border-radius: 30px 10px;
            margin-top:70px;
            margin-left:140px;
            width:60px;
            height:30px;
        }
        #mouth{
            margin:50px auto;
            width:60px;
            height:30px;
            border:10px solid red;
            border-top-left-radius:5px;
            border-top-right-radius:5px;
            border-bottom-right-radius:40px;
            border-bottom-left-radius:40px;
        }
    </style>
</head>
<body>
    <section>
        <div id="eyel"></div>
        <div id="eyer"></div>
        <div id="mouth"></div>
    </section>
</body>
</html>
```

运行结果如图 3-16 所示。

图 3-16 【例 3-18】运行结果

3.2.2 多彩的边框颜色

在传统 CSS 中，只能设置简单的边框颜色。而在 CSS3 中可以使用多个颜色值设置边框颜色，从而实现过渡颜色的效果。在 CSS3 中，设置边框颜色的属性如下：

- border-bottom-colors：定义底边框的颜色。
- border-top-colors：定义顶边框的颜色。
- border-left-colors：定义左边框的颜色。
- border-right-colors：定义右边框的颜色。

使用这些属性的语法如下：

```
border-bottom-colors：颜色值 1 颜色值 2 ...颜色值 n
border-top-colors：颜色值 1 颜色值 2 ...颜色值 n
border-left-colors：颜色值 1 颜色值 2 ...颜色值 n
border-right-colors：颜色值 1 颜色值 2 ...颜色值 n
```

每个颜色值代表边框中的一行（列）像素的颜色。例如，如果边框的宽度为 10 px，则颜色值 1 指定第 1 行（列）1 个像素宽的颜色；颜色值 2 指定第 2 行（列）一个像素宽的颜色；以此类推。如果指定的颜色值数量小于 10，则其余边框行（列）像素的颜色使用颜色值 n。

在笔者编写此书时，主流浏览器中只有 FireFox 支持设置多彩边框颜色的 CSS3 属性，但是在这些属性的前面增加了一个前缀 -moz，具体如下。

- -moz-border-bottom-colors：定义底边框的颜色。
- -moz-border-top-colors：定义顶边框的颜色。
- -moz-border-left-colors：定义左边框的颜色。
- -moz-border-right-colors：定义右边框的颜色。

【例 3-19】 在 CSS3 中实现过渡颜色边框的例子，代码如下。

```
<html>
<head>
<meta charset="utf-8">
    <title>【例3-19】</title>
    <style type="text/css">
        section{
            padding:20px;
        }
        #colorful-border{
            border: 10px solid transparent;
            -moz-border-bottom-colors: #303 #404 #606 #808 #909 #A0A;
            -moz-border-top-colors: #303 #404 #606 #808 #909 #A0A;
            -moz-border-left-colors: #303 #404 #606 #808 #909 #A0A;
            -moz-border-right-colors: #303 #404 #606 #808 #909 #A0A;
        }
    </style>
</head>
<body>
<h1>过渡颜色边框</h1>
    <section id="colorful-border">
        标准通用标记语言下的一个应用 HTML 标准自 1999 年 12 月发布的 HTML4.01 后，后继
的 HTML5 和其他标准被束之高阁，为了推动 Web 标准化运动的发展，一些公司联合起来，成立了一个
叫做 Web Hypertext Application Technology Working Group（Web 超文本应用技术工作组
-WHATWG）的组织。WHATWG 致力于 Web 表单和应用程序，而 W3C（World Wide Web Consortium,
万维网联盟）专注于 XHTML2.0。在 2006 年，双方决定进行合作，来创建一个新版本的 HTML。
    </section>
</body>
</html>
```

3.2.3　阴影

为图像、文字设置阴影可以增加画面的立体感。以前，Web 设计师只能使用 Photo-shop 来处理阴影。在 CSS3 中，可以使用 box-shadow 属性设置阴影，语法如下：

box-shadow:阴影水平偏移值 阴影垂直偏移值 阴影模糊值 阴影颜色；

其中，阴影偏移值可以为正数也可以为负数。不同的浏览器引擎中，实现 box-shadow 属性的方法略有不同。在 webkit 引擎中为 -webkit-box-shadow，在 Gecko 引擎中为 -moz-box-shadow。出于兼容性的考虑，建议同时使用 box-shadow、-webkit-box-shadow 和 -moz-box-shadow 属性设置阴影。还可以用 text-shadow 设置文字阴影，语法格式与 box-shadow 相同。

【例 3-20】 在 CSS3 中实现阴影的例子，代码如下。

```html
<!DOCTYPE html>
<html>
<head>
    <title>阴影效果</title>
    <meta charset="utf-8" />
    <style>
        .paper {
            width:200px;
            height:200px;
            background-color:#fff;
            /* 设置阴影 */
            box-shadow:1px 1px 3px #333333;
        }
        p{
            padding:20px;
            text-shadow:1px 1px 3px #333333;
        }
    </style>
</head>
<body>
    <div class="paper">
    <p>在 CSS3 中实现容器阴影和文字阴影。<p>
    </div>
</body>
</html>
```

运行结果如图 3-17 所示。

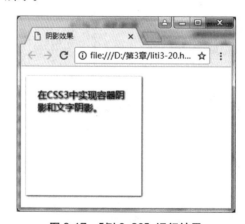

图 3-17 【例 3-20】运行结果

3.2.4 背景图片

在 3.1.3 小节中，已经介绍了设置网页背景图像的方法。在低版本 CSS 中，背景图的大小在样式中是不可控的，如果要想使背景图充满某个区域，要么需要做一张大点的图，要么就只能让它以平铺的方式来填充。CSS3 提供了一个新特性 background-size，使用它可以随心所欲地控制背景图的尺寸大小。background-size 属性的语法如下：

```
background-size: 值 1 值 2;
```

值 1 为必填，用于指定背景图的宽度；值 2 为可选，用于指定背景图的高度。如果只指定值 1，则值 2 自动按图像比例设置。值 1 和值 2 的单位可以使用像素（px），也可以用百分比（%）。值 1 还可以是如下的特定值：

- auto：按图像大小自动设置。
- cover：保持图像本身的宽高比例，将图片缩放到正好完全覆盖定义背景的区域，多出的一边会被裁剪掉。
- contain：保持图像本身的宽高比例，将图片缩放到宽度或高度正好适应定义背景的区域，不够的宽或高会留出空白。

【例 3-21】 在 CSS3 中使用 background-size 属性控制背景图尺寸大小的例子，代码如下。

```
<!DOCTYPE html>
<html>
<head>
    <title> 背景图片拉伸 </title>
    <style>
        div{
            width:200px;
            height:100px;
            border:1px solid black;
            margin:5px auto;
        }
        .box{
            background-image:url(tree.jpg);
            background-repeat:no-repeat;
            background-size:100px;
        }
        .auto{
            background-image:url(tree.jpg);
            background-repeat:no-repeat;
            background-size:auto;
        }
        .cover{
            background-image:url(tree.jpg);
            background-repeat:no-repeat;
            background-size:cover;
        }
        .contain{
```

```
            background-image:url(tree.jpg);
            background-repeat:no-repeat;
            background-size:contain;
        }
    </style>
</head>
<body>
    <div class="box">
    <br /><br />
     background-size:200px;
    </div>
    <div class="auto">
    <br /><br />
    background-size:auto;
    </div>
    <div class="cover">
    <br /><br />
    background-size:cover;
    </div>
    <div class="contain">
    <br /><br />
    background-size:contain;
    </div>
</body>
</html>
```

运行结果如图 3-18 所示。

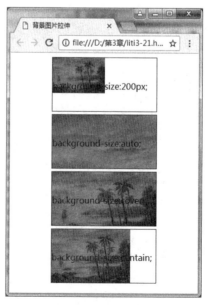

图 3-18　【例 3-21】运行结果

3.2.5　多列

在很多报纸中，将文章以多列的形式表现。在 CSS3 中，可以使用 column-count 属性设置文章显示的列数，语法如下：

```
column-count:auto| 整数
```

如果取值 auto，则由浏览器自动计算列数。

不同的浏览器引擎中，实现 column-count 属性的方法略有不同。在 webkit 引擎中为 -webkit-column-count，在 Gecko 引擎中为 -moz-column-count。出于兼容性的考虑，建议同时使用 -webkit-column-count 和 -moz-column-count 属性设置多列。

【例 3-22】　在 CSS3 中实现多列的例子，代码如下。

```
<!DOCTYPE html>
<html>
<head>
    <title>CSS3 多列 </title>
    <style>
        .col{width:400px;}
        .title{margin-bottom:5px; line-height:25px; background:#f0f3f9;
text-indent:3px; font-weight:bold; font-size:14px;}
        .tricol{
            -webkit-column-count:3;
            -moz-column-count:3;
    </style>
</head>
<body>
    <div class="col">
        <div class="title">HTML5</div>
        <div class="tricol">
            标准通用标记语言下的一个应用 HTML 标准自 1999 年 12 月发布的 HTML4.01 后，
后继的 HTML5 和其他标准被束之高阁，为了推动 Web 标准化运动的发展，一些公司联合起来，成立
了一个叫做 Web Hypertext Application Technology Working Group（Web 超文本应用技
术工作组 -WHATWG）的组织。WHATWG 致力于 Web 表单和应用程序，而 W3C（World Wide Web
Consortium，万维网联盟）专注于 XHTML2.0。在 2006 年，双方决定进行合作，来创建一个新版
本的 HTML。
        </div>
    </div>
</body>
</html>
```

运行结果如图 3-19 所示。

图 3-19 【例 3-22】运行结果

3.2.6 嵌入字体

为了使页面更美观、更独特，网页设计人员经常需要在网页中使用特殊的字体。但是如果客户端没有安装这个字体，就无法达到预期的效果，因此很多时候只能使用图片代替文字。但是，图片文件会增加网页的大小，影响浏览的速度。

在 CSS3 中，可以使用 @font-face 属性使用嵌入字体，语法如下：

```
@font-face
{
    font-family: <YourWebFontName>;
    src: <source> [<format>][,<source> [<format>]];
    [font-weight: <weight>];
    [font-style: <style>];
}
```

参数说明如下：

- YourWebFontName：自定义的字体名，将在网页元素的 font-family 中引用此字体名设置字体为该嵌入字体。
- source：指定自定义的字体文件的存放路径。
- format：指定自定义的字体的格式，用来帮助浏览器识别，可以是以下几种类型：truetype、opentype、truetype-aat、embedded-opentype 和 avg 等。
- weight：定义字体是否为粗体。
- style：定义字体样式，如斜体。

【例 3-23】 在 CSS3 中实现嵌入字体的例子，代码如下：

```
<!DOCTYPE html>
<html>
<head>
    <title>CSS3 嵌入字体 </title>
```

```
    <style>
        @font-face {
            font-family: 'Andriko';
            src: url('Andriko.ttf');
            font-weight: normal;
            font-style: normal;
        }
        @font-face {
            font-family: 'qwe';
            src: url('qwe.ttf');
            font-weight: normal;
            font-style: normal;
        }
        h1 {font-family: 'Andriko'}
        h2 {
            font-family: 'qwe';
            font-size:30px;
        }
        p{font-size:20px;}
    </style>
</head>
<body>
    <p> 英文字体: </p>
    <h1>Hello，CSS3!</h1>
    <p> 汉字字体: </p>
    <h2> 明德修身，格物致知! </h2>
</body>
</html>
```

运行结果如图 3-20 所示。

图 3-20 【例 3-23】运行结果

3.2.7 透明度

在 CSS3 中，可以使用 opacity 定义 HTML 元素的透明度。其取值范围为 0 ~ 1，0
表示完全透明（即不可见），1 表示完全不透明。

【例 3-24】 在 CSS3 中实现不同透明度的图像的例子，代码如下。

```
<!DOCTYPE html>
<html>
<head>
    <title> 不同透明度的图像 </title>
    <style>
        img{width:150px; height:100px;}
        img.opa1{opacity:0.75;}
        img.opa2{opacity:0.50;}
        img.opa3{opacity:0.25;}
    </style>
</head>
<body>
    <img  src="tree.jpg" />
    <img  class='opa1' src="tree.jpg" />
    <img  class='opa2' src="tree.jpg" />
    <img  class='opa3' src="tree.jpg" />
</body>
</html>
```

运行结果如图 3-21 所示。

图 3-21 【例 3-24】运行结果

也可以使用 RGBA 声明定义颜色的透明度。RGBA 声明在 RGB 颜色的基础上增加
了一个 A 参数，设置该颜色的透明度。与 opacity 一样，A 参数的取值范围也为 0 ~ 1，0

表示完全透明（即不可见），1 表示完全不透明。

【例 3-25】 使用 RGBA 声明实现不同透明度的层，代码如下：

```
<!DOCTYPE html>
<html>
<head>
    <title>不同透明度的层</title>
    <style>
        div.rgbaL1 { background:rgba(255, 0, 0, 0.2); height:20px; }
        div.rgbaL2 { background:rgba(255, 0, 0, 0.4); height:20px; }
        div.rgbaL3 { background:rgba(255, 0, 0, 0.6); height:20px; }
        div.rgbaL4 { background:rgba(255, 0, 0, 0.8); height:20px; }
        div.rgbaL5 { background:rgba(255, 0, 0, 1.0); height:20px; }
    </style>
</head>
<body>
    <div class='rgbaL1'>We are all red.</div>
    <div class='rgbaL2'></div>
    <div class='rgbaL3'></div>
    <div class='rgbaL4'></div>
    <div class='rgbaL5'></div>
</body>
</html>
```

运行结果如图 3-22 所示。

图 3-22 【例 3-25】运行结果

3.2.8　HSL 和 HSLA 颜色表现方法

CSS3 支持以 HSL 声明的形式表现颜色。HSL 色彩模式是工业界的一种颜色标准，是通过对色调（H）、饱和度（S）、亮度（L）三个颜色通道的变化以及它们相互之间的叠加来得到各式各样的颜色。这个标准几乎包括了人类视力所能感知的所有颜色，是目前运用最广的颜色系统之一。HSL 声明的定义形式如下：

```
hsl(色调值,饱和度值,亮度值)
```

参数说明如下：
- 色调值：用于定义色盘，0 和 360 是红色，接近 120 的是绿色，240 是蓝色。
- 饱和度值：百分比，0% 是灰度，100% 饱和度最高。
- 亮度值：百分比，0% 最暗，50% 均值，100% 最亮。

图 3-23 所示为色盘。

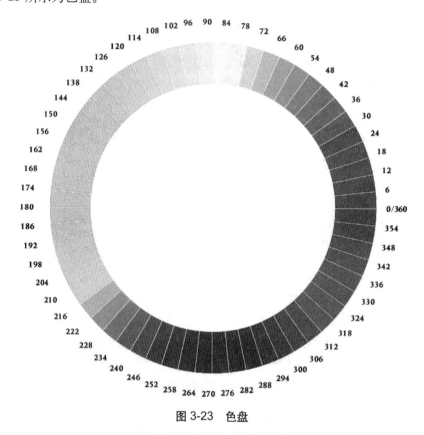

图 3-23　色盘

【例 3-26】　使用 HSL 声明实现不同颜色的层，代码如下。

```
<!DOCTYPE html>
<html>
<head>
    <title>使用 HSL 声明实现不同颜色的层</title>
    <style>
        div.hslL1 { background:hsl(120, 100%, 50%); height:20px; }
        div.hslL2 { background:hsl(120, 50%, 50%); height:20px; }
        div.hslL3 { background:hsl(120, 100%, 75%); height:20px; }
        div.hslL4 { background:hsl(240, 100%, 50%); height:20px; }
```

```
        div.hslL5 { background:hsl(240, 50%, 50%); height:20px; }
        div.hslL6 { background:hsl(240, 100%, 75%); height:20px; }
    </style>
</head>
<body>
    <div class='hslL1'>120色，饱和度 100%，亮度 50%</div>
    <div class='hslL2'>120色，饱和度 50%，亮度 50%</div>
    <div class='hslL3'>120色，饱和度 100%，亮度 75%</div>
    <div class='hslL4'>240色，饱和度 100%，亮度 50%</div>
    <div class='hslL5'>240色，饱和度 50%，亮度 50%</div>
    <div class='hslL6'>240色，饱和度 100%，亮度 75%</div>
</body>
</html>
```

运行结果如图 3-24 所示。

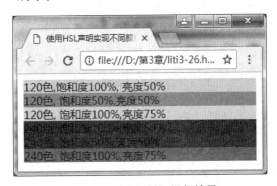

图 3-24　【例 3-26】运行结果

HSLA 声明在 HSL 颜色的基础上增加了一个 A 参数，设置该颜色的透明度。与 RGBA 一样，A 参数的取值范围也为 0 ~ 1，0 表示完全透明（即不可见），1 表示完全不透明。

【例 3-27】　使用 HSLA 声明实现类似【例 3-25】的不同透明度的层，代码如下：

```
<!DOCTYPE html>
<html>
<head>
    <title>【例 3-27】</title>
    <style>
        div.hslaL1 { background:hsla(0, 100%, 50%, 0.2); height:20px; }
        div.hslaL2 { background:hsla(0, 100%, 50%, 0.4); height:20px; }
        div.hslaL3 { background:hsla(0, 100%, 50%, 0.6); height:20px; }
        div.hslaL4 { background:hsla(0, 100%, 50%, 0.8); height:20px; }
        div.hslaL5 { background:hsla(0, 100%, 50%, 1.0); height:20px; }
    </style>
```

```
</head>
<body>
    <div class='hslaL1'> We are all red.</div>
    <div class='hslaL2'></div>
    <div class='hslaL3'></div>
    <div class='hslaL4'></div>
    <div class='hslaL5'></div>
</body>
</html>
```

运行结果如图 3-22 所示。

3.2.9 过渡属性

CSS3 支持以 transition 属性定义过渡效果，语法如下：

```
transition: property duration timing-function delay;
```

参数说明如下：

- property：规定设置过渡效果的 CSS 属性的名称。
- duration：规定完成过渡效果需要多少秒或毫秒。
- timing-function：规定速度效果的速度曲线。
- delay：定义过渡效果何时开始。

【例 3-28】 设置过渡效果的例子，代码如下。

```
<!doctype html>
<html>
    <head>
        <title>过渡效果</title>
        <meta charset="utf-8">
        <style>
            ul{list-style-type:none;margin:0px;padding:0px;}
            li
            {
                list-style-type:none;margin:0px;padding:0px;
                font-family:微软雅黑;font-size:20px;line-height:50px;
                padding-left:10px;
                width:0px;
                height:50px;
                white-space:nowrap;
                background-color:blue;
            }
            a{text-decoration:none;color:red;}
            li:hover{
            transition:all 1s ease-in-out 0s;
```

```
            width:150px;
            }
        </style>
    </head>
    <body>
        <ul>
            <li><a href="#"> 日用品 </a></li>
            <li><a href="#"> 服装 </a></li>
            <li><a href="#"> 书籍 </a></li>
            <li><a href="#"> 电器 </a></li>
        </ul>
    </body>
</html>
```

运行结果如图 3-25 所示。

图 3-25　【例 3-28】运行结果

3.2.10　transform 属性

transform 属性向元素应用 2D 或 3D 转换。该属性允许对元素进行旋转、缩放、移动或倾斜。语法如下：

```
transform: none|transform-functions;
```

transform-functions 可选值如表 3-10 所示。

表 3-10　transform-functions 可选值

可　选　值	具　体　描　述
none	定义不进行转换
matrix(n,n,n,n,n,n)	定义 2D 转换，使用六个值的矩阵
matrix3d(n,n,n,n,n,n,n,n,n,n,n,n,n,n,n,n)	定义 3D 转换，使用 16 个值的 4×4 矩阵
translate(x,y)	定义 2D 转换

可 选 值	具 体 描 述
translate3d(x,y,z)	定义 3D 转换
translateX(x)	定义转换，只是用 X 轴的值
translateY(y)	定义转换，只是用 Y 轴的值
translateZ(z)	定义 3D 转换，只是用 Z 轴的值
scale(x,y)	定义 2D 缩放转换
scale3d(x,y,z)	定义 3D 缩放转换
scaleX(x)	通过设置 X 轴的值来定义缩放转换
scaleY(y)	通过设置 Y 轴的值来定义缩放转换
scaleZ(z)	通过设置 Z 轴的值来定义 3D 缩放转换
rotate(angle)	定义 2D 旋转，在参数中规定角度
rotate3d(x,y,z,angle)	定义 3D 旋转
rotateX(angle)	定义沿着 X 轴的 3D 旋转
rotateY(angle)	定义沿着 Y 轴的 3D 旋转
rotateZ(angle)	定义沿着 Z 轴的 3D 旋转
skew(x-angle,y-angle)	定义沿着 X 和 Y 轴的 2D 倾斜转换
skewX(angle)	定义沿着 X 轴的 2D 倾斜转换
skewY(angle)	定义沿着 Y 轴的 2D 倾斜转换
perspective(n)	为 3D 转换元素定义透视视图

【例 3-29】 设置 2D 或 3D 转换的例子，代码如下。

```
<!doctype html>
<html>
    <head>
        <title>照片墙 </title>
        <meta charset="utf-8">
        <style>
            div{
            border:1px solid #999999;
            width:150px;
            background-color:#ffffff;
            position:absolute;}
            #d1{left:200px;top:10px;transform:rotate(15deg)}
            .photo{width:140px;height:120px;margin:5px;}
            .text{margin:1px;text-align:center;ine-height:15px;}
            #d2{left:10px;top:50px;transform:rotate(-15deg)}
```

```
        </style>
    </head>
    <body>
        <div id="d1">
            <img class="photo" src="tree.jpg" >
            <p class="text">海边风光</p>
        </div>
        <div id="d2">
            <img class="photo" src="blue.jpg" >
            <p class="text">小清新</p>
        </div>
    </body>
</html>
```

运行结果如图 3-26 所示。

图 3-26 【例 3-29】运行结果

3.3 实训项目

项目一

① 项目要求：HTML5+CSS3 设计页面布局。

② 项目说明：主要是让大家学会使用 CSS 设计网页布局。其中可以使用列表制作导航栏，使用 HTML5 新标签定义不同的网页区域。

③ 运行结果如图 3-27 所示。

项目视频
3-1

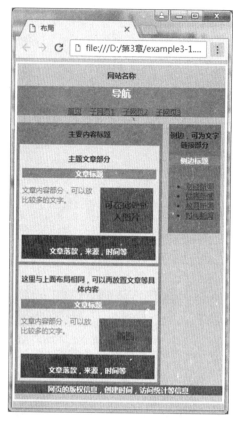

图 3-27 项目一运行结果

项目视频
3–2

项目二

① 项目要求：设计一个登录界面。

② 项目说明：项目二很简单，就是一个简单的登录界面。登录界面中的设置效果由 CSS 来实现。其中，用到了阴影效果、圆角边框的效果以及各种颜色的设置等。

③ 运行结果如图 3-28 所示。

图 3-28 项目二运行结果

项目三

① 项目要求：设计"google"多彩文字效果。

② 项目说明：本实训项目主要练习颜色相关样式的使用，分别定义每个字母的 class 名称，将颜色相同的字母定义为同一个 class 名称。首先设计全部文字的字体、字号等属性，之后分别定义每个 class 的颜色。

③ 运行结果如图 3-29 所示。

项目视频
3-3

图 3-29　项目三运行结果

项目四

① 项目要求：设计一个页面显示百度搜索页面效果。

② 项目说明：本实训项目是百度页面显示文字的一部分，主要练习文本相关属性。需要注意的是在文字中将样式相同的特殊文字使用统一的标签或 class 名称，可以统一设置样式。

③ 运行结果如图 3-30 所示。

项目视频
3-4

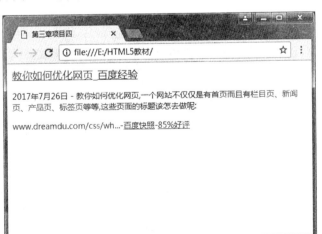

图 3-30　项目四运行结果

项目五

① 项目要求：设计一个导航菜单页面。

② 项目说明：本实训项目使用无序列表将菜单项分别进行显示，并根据背景图片的大小和位置，确定列表项的位置，使用超链接样式定义超链接不同状态下的不同样式。

③ 运行结果如图 3-31 所示。

图 3-31　项目五运行结果

项目六

① 项目要求：设计一个精美表格。

② 项目说明：本实训项目主要练习表格的相关 CSS 属性，表格中的文字样式与之前所学内容一致，需要定义的表格相关样式包括边框、背景颜色以及文字的对其方式。

③ 运行结果如图 3-32 所示。

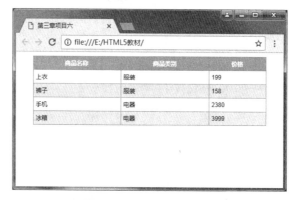

图 3-32　项目六运行结果

项目七

① 项目要求：设计一个"学员信息"登记表单页面。

② 项目说明：本实训项目主要是设计表单，注意表单 input 需要根据不同的输入内容定义输入的模式，另外，外观方面使用文字、宽度高度、边框等属性进行定义。

③ 运行结果如图 3-33 所示。

项目视频
3–7

图 3-33　项目七运行结果

练 习 题

1. 单选题

（1）CSS 应该写在 HTML 的（　　）标记里。

　　A．<head> 和 </head>　　　　　　　　B．<body> 和 </body>

　　C．<table> 和 </table>　　　　　　　　D．<style> 和 </style>

（2）下面说法错误的是（　　）。

　　A．CSS 样式表可以将格式和结构分离

　　B．CSS 样式表可以控制页面的布局

　　C．CSS 样式表可以使许多网页同时更新

　　D．CSS 样式表不能制作体积更小、下载更快的网页

（3）使用 CSS 定义 HTML 文档背景图片的 CSS 属性为（　　）。

　　A．background　　　　　　　　　　　　B．background-color

　　C．background-image　　　　　　　　　D．background-attachment

（4）使用 CSS 定义 HTML 文档背景颜色的 CSS 属性为（　　）。

    A．background   B．background-color

    C．background-image   D．background-attachment

（5）使用 CSS 定义 HTML 文档背景图的重复性的 CSS 属性为（　　）。

    A．background-repeat   B．background-color

    C．background-image   D．background-attachment

（6）定义文本字体的 CSS 属性为（　　）。

    A．font   B．font-family   C．font-style   D．font-variant

（7）定义文本字号的 CSS 属性为（　　）。

    A．font-variant   B．font-family   C．font-style   D．font-size

（8）定义文本颜色的 CSS 属性为（　　）。

    A．font-color   B．color   C．font-style   D．background-color

（9）在 CSS3 中，可以使用（　　）属性实现圆角矩形。

    A．circle   B．border-radius C．round   D．border-round

（10）在 CSS3 中，下面不是用于设置边框颜色的属性为（　　）。

    A．border-colors   B．border-bottom-colors

    C．border-top-colors   D．border-left-colors

（11）在 HTML 文档中应用 CSS 样式时，采用行内样式表的形式是在标签中添加（　　）属性。

    A．id   B．css   C．style   D．class

（12）在 HTML 文档中应用 CSS 样式时，采用内部样式表的形式是在 <head> 中添加（　　）标签。

    A．style   B．css   C．link   D．title

（13）CSS 选择器不包括（　　）。

    A．HTML 标签选择器   B．HTML 属性选择器

    C．ID 选择器   D．class 选择器

（14）下面选项中，（　　）可以设置网页中某个标签的右外边距为 10 像素。

    A．padding:0 10px   B．margin:10px 0 0 0

    C．margin: 0 10px   D．padding-right:10px

（15）在 HTML 中，通过（　　）可以实现鼠标指针悬停在超链接上时，为无下画线的效果。

    A．a{text-decoration:underline}   B．a{text-decoration:none}

    C．a:hover{text-decoration:none}   D．a:link{text-decoration:underline}

2．判断题

（1）CSS 中的 color 属性用于设置 HTML 元素的背景颜色。   （　　）

（2）使用 CSS 设置文本对齐居中时，使用的属性为 text-align:left。   （　　）

（3）使用 CSS 设置文字加粗效果时，使用的属性为 font-weight:bold。   （　　）

（4）使用 CSS 设置文本首行缩进时，使用的属性为 text-indent。　　　　（　　）

（5）使用 CSS 设置文本修饰添加删除线时，使用的属性为 text-decoration:underline。

　　　　　　　　　　　　　　　　　　　　　　　　　　　　　　（　　）

（6）使用 CSS 设置鼠标指针悬停状态的超链接时，使用的属性为 a:hover。　（　　）

3. 多选题

（1）下列语句能够在一个 HTML 页面中导入在同一目录下的"StyleSheet1.css"样式表的是（　　）。

  A．<style>@import StyleSheet1.css;</style>

  B．<link rel="stylesheet" type="text/css" href="StyleSheet1.css">

  C．<link rel="stylesheet1.css" type="text/css">

  D．<style rel="stylesheet" type="text/css" src="StyleSheet1.css"></style>

（2）在 CSS 中，对图片定位的位置参数写法正确的有（　　）。

  A．100% 100%　　　B．7cm 40%　　　C．1cm center　　　D．20% 4cm

  E．left 30%

（3）CSS 中设置 background-repeat 属性，可以的取值有（　　）。

  A．none　　　　　B．no-repeat　　　C．repeat　　　　　D．repeat-x

  E．repeat-y

4. 填空题

（1）CSS 的中文全称为 _____ ，样式表文件的扩展名为 _____ 。

（2）使用 _____ 属性可以设置元素中文本的修饰；使用 _____ 属性可以设置元素中文本首行缩进。

（3）_____ 是绘制于元素周围的一条线，位于边框边缘的外围，可以起到突出元素的作用。在 CSS 中可以通过 _____ 属性实现元素的浮动。

5. 简答题

（1）写出定义 CSS 的语句格式，并说明其中各元素的含义。

（2）写出在 HTML 文档中应用 CSS 样式的三种方法，并解释含义。

第4章

JavaScript 编程

  学习目标

- 了解 JavaScript 背景知识。
- 掌握 JavaScript 程序设计方法。
- 理解面向对象的程序设计方法。

JavaScript 简称 JS，是一种可以嵌入 HTML 页面中的脚本语言，HTML5 提供的很多 API 都可以在 JavaScript 程序中调用，因此学习 JavaScript 编程是学习本书后面内容的基础。

4.1 HTML 和 JavaScript

JavaScript 是一种基于对象和事件驱动的脚本语言，具有较好的安全性能。使用 JavaScript 可以实现与 Web 客户端交互作用，从而开发出更灵活更方便使用的客户端应用程序。

4.1.1 在 HTML 中插入 JavaScript 代码

在 HTML 文件中使用 JavaScript 脚本时，JavaScript 代码需要出现在 <Script Language ="JavaScript"> 和 </Script> 之间。

【例 4-1】 一个简单的在 HTML 文件中使用 JavaScript 脚本的实例。

```
<html>
<head>
    <meta charset="utf-8"/>
```

```
    <title>简单的 JavaScript 代码 </title>
</head>
<body>
    <script language ="javascript">
    // 下面是 JavaScript 代码
        document.write(" 欢迎使用 JavaScript！ ");
        document.close();
    </script>
</body>
</html>
```

document 是 JavaScript 的文档对象，document.write() 用于在文档中输出字符串，document.close() 用于关闭输出操作。

在 JavaScript 中，使用"//"作为注释符。浏览器在解释程序时，将不考虑一行程序中"//"后面的代码。

运行结果如图 4-1 所示。

图 4-1 【例 4-1】运行结果

4.1.2　使用 .js 文件

另外一种插入 JavaScript 程序的方法是把 JavaScript 代码写到一个 .js 文件当中，然后在 HTML 文件中引用该 .js 文件，方法如下：

```
<script src=".js 文件 "></script>
```

【例 4-2】 使用引用 .js 文件的方法实现【例 4-1】的功能。创建 output.js，内容如下：

```
document.write(" 欢迎使用 JavaScript！");
document.close();
```

HTML 文件的代码如下：

```
<html>
<head>
    <meta charset="utf-8"/>
    <title>简单的 JavaScript 代码 </title>
```

```
</head>
<body>
    <script src="output.js"></script>
</body>
</html>
```

运行结果如图 4-1 所示。

4.2 JavaScript 基本语法

本节介绍 JavaScript 基本语法，包括数据类型、值、变量、注释和运算符等，了解这些基本语法是使用 JavaScript 编程的基础。

4.2.1 数据类型

数据类型在数据结构中的定义是一个值的集合以及定义在这个值集上的一组操作。使用数据类型可以指定变量的存储方式和操作方法。

JavaScript 包含 5 种原始数据类型，如表 4-1 所示。

表 4-1　JavaScript 的原始数据类型

类　　型	具　体　描　述
Undefined	当声明的变量未初始化时，该变量的默认值是 undefined
NULL	空值，如果引用一个没有定义的变量，则返回空值
Boolean	布尔类型，包含 true 和 false
String	字符串类型，由单引号或双引号括起来的字符串
Number	数值类型，可以是 32 位、64 位整数或浮点数

4.2.2 变量

变量是内存中命名的存储位置，可以在程序中设置和修改变量的值。

在 JavaScript 中，可以使用 var 关键字声明变量，声明变量时不要求指明变量的数据类型。例如：

```
var x;
```

也可以在定义变量时为其赋值，例如：

```
var x=1;
```

或者不定义变量，而通过使用变量来确定其类型，例如：

```
x=1;
```

```
str="This is a string.";
exist=false;
```

JavaScript 变量名需要遵守两条简单的规则：

- 第一个字符必须是字母、下画线（_）或美元符号（$）。
- 其他字符可以是下画线、美元符号或任何字母或数字字符。

可以使用 typeof 运算符返回变量的类型，语法如下：

```
typeof  变量名;
```

【例 4-3】　演示使用 typeof 运算符返回变量类型的方法，代码如下：

```
<HTML>
<HEAD><TITLE>简单的 JavaScript 代码</TITLE></HEAD>
<BODY>
<Script Language ="JavaScript">
    var temp;
    document.write(typeof temp); // 输出 "undefined"
    temp="test string";
    document.write(typeof temp); // 输出 "String"
    temp=100;
    document.write(typeof temp); // 输出 "Number"
</Script>
</BODY>
</HTML>
```

4.2.3　注释

注释是程序代码中不执行的文本字符串，用于对代码行或代码段进行说明，或者暂时禁用某些代码行。使用注释对代码进行说明，可以使程序代码更易于理解和维护。注释通常用于说明代码的功能，描述复杂计算或解释编程方法，记录程序名称、作者姓名、主要代码更改的日期等。

向代码中添加注释时，需要用一定的字符进行标识。JavaScript 支持两种类型的注释字符。

1. //

// 是单行注释符，这种注释符可与要执行的代码处在同一行，也可另起一行。从 // 开始到行尾均表示注释。对于多行注释，必须在每个注释行的开始使用 //。【例 4-3】中已经演示了 // 注释符的使用方法。

2. /*...*/

/*...*/ 是多行注释符，... 表示注释的内容。这种注释字符可与要执行的代码处在同一行，也可另起一行，甚至用在可执行代码内。对于多行注释，必须使用开始注释符（/*）开始注释，使用结束注释符（*/）结束注释。注释行上不应出现其他注释字符。

【例 4-4】 使用 /*...*/ 给【例 4-3】添加注释。

```
/* 演示使用 typeof 运算符返回变量类型的方法
作者: 小明
日期: 2017-11-11
*/
document.write(typeof temp); // 输出 "undefined"
temp="test string";
document.write(typeof temp); // 输出 "String"
temp=100;
document.write(typeof temp); // 输出 "Number"
```

4.2.4　运算符

运算符可以指定变量和值的运算操作，是构成表达式的重要元素。JavaScript 支持一元运算符、算术运算符、赋值运算符、关系运算符、位运算符、逻辑运算符、条件运算符、逗号运算符等基本运算符。本节分别对这些运算符的使用情况进行简单的介绍。

1. 一元运算符

一元运算符是最简单的运算符，它只有一个参数。JavaScript 的一元运算符如表 4-2 所示。

表 4-2　JavaScript 的一元运算符

一元运算符	具　体　描　述

delete	删除以前定义的对象。例如：
	var o = new Object; // 创建 Object 对象 o
	delete o;　　　 // 删除对象 o

void	出现在任何类型的操作数之前，作用是舍弃运算数的值，返回 undefined 作为表达式的值
	var x=1,y=2;
	document.write(void(x+y)); // 输出：undefined

++	增量运算符。可以出现在操作数的前面（此时叫做前增量运算符），也可以出现在操作数的后面（此时叫做后增量运算符）。++ 运算符对操作数加 1，如果是前增量运算符，则返回加 1 后的结果；如果是后增量运算符，则返回操作数的原值，再对操作数执行加 1 操作。例如：
	var iNum = 10;
	document.write(iNum++);　　　 // 输出 "10"
	document.write(++iNum);　　　 // 输出 "12"

--	减量运算符。它与增量运算符的意义相反，可以出现在操作数的前面（此时叫做前减量运算符），也可以出现在操作数的后面（此时叫做后减量运算符）。-- 运算符对操作数减 1，如果是前减量运算符，则返回减 1 后的结果；如果是后减量运算符，则返回操作数的原值，再对操作数执行减 1 操作。例如：
	var iNum = 10;
	document.write(iNum--);　　　 // 输出 "10"
	document.write(--iNum);　　　 // 输出 "8"

一元运算符	具 体 描 述
+	一元加法运算符，可以理解为正号。它把字符串类型转换成数值类型。例如： var sNum = "100"; document.write(typeof sNum);　　// 输出 "string" var iNum = +sNum; document.write(typeof iNum);　　// 输出 "number"
-	一元减法运算符，可以理解为负号。它把字符串类型转换成数值类型，同时对该值取负。例如： var sNum = "100"; document.write(typeof sNum);　　// 输出 "string" var iNum = -sNum; document.write(iNum);　　// 输出 "-100" document.write(typeof iNum);　　// 输出 "number"

2. 算术运算符

算术运算符可以实现数学运算，包括加（+）、减（-）、乘（*）、除（/）和求余（%）等。
具体使用方法如下：

var a,b,c;

a = b + c;

a = b - c;

a = b * c;

a = b / c;

a = b % c;

3. 赋值运算符

赋值运算符是等号（=），它的作用是将运算符右侧的常量或变量的值赋值到运算符左
侧的变量中。上面已经给出了赋值运算符的使用方法。JavaScript 中还有复合赋值运算符，
如表 4-3 所示。

表 4-3　JavaScript 的复合赋值运算符

复合赋值运算符	具 体 描 述

*=	乘法 / 赋值，例如：
	var iNum = 10;
	iNum*=2;
	document.write(iNum);// 输出 "20"

/=	除法 / 赋值，例如：
	var iNum = 10;
	iNum /=2;
	document.write(iNum);// 输出 "5"

%=	求余 / 赋值，例如：
	var iNum = 10;
	iNum%= 7;
	document.write(iNum);// 输出 "3"

+=	加法 / 赋值，例如：
	var iNum = 10;
	iNum+= 2;
	document.write(iNum);// 输出 "12"

续表

复合赋值运算符	具 体 描 述

-=	减法 / 赋值，例如：
	var iNum = 10;
	iNum-= 2;
	document.write(iNum); // 输出 "8"

<<=	左移 / 赋值，关于位运算符将在稍后介绍
>>=	有符号右移 / 赋值
>>>=	无符号右移 / 赋值

4. 关系运算符

关系运算符是对两个变量或数值进行比较，返回一个布尔值。JavaScript 的关系运算符如表 4-4 所示。

表 4-4 JavaScript 的关系运算符

关系运算符	具 体 描 述
==	等于运算符（两个 =）。例如 a==b，如果 a 等于 b，则返回 true；否则返回 false

===	恒等运算符（3 个 =）。例如 a===b，如果 a 的值等于 b，而且它们的数据类型也相同，则返回 true；否则返回 false。例如：
	var a=8;
	var b="8";
	a==b; //true
	a===b; //false

!=	不等运算符。例如 a!=b，如果 a 不等于 b，则返回 true；否则返回 false
!==	不恒等。例如 a!==b，只有当 a 和 b 数值和类型都相同时为假，否则为真。
<	小于运算符
>	大于运算符
<=	小于等于运算符
>=	大于等于运算符

5. 位运算符

位运算符允许对整型数中指定的位进行置位。如果左右参数都是字符串，则位运算符将操作这个字符串中的字符。JavaScript 的位运算符如表 4-5 所示。

6. 逻辑运算符

JavaScript 支持的逻辑运算符如表 4-6 所示。

表 4-5　JavaScript 的位运算符

位 运 算 符	具 体 描 述	位 运 算 符	具 体 描 述
~	按位非运算	<<	位左移运算
&	按位与运算	>>	有符号位右移运算
|	按位或运算	>>>	无符号位右移运算
^	按位异或运算		

表 4-6　JavaScript 的逻辑运算符

逻辑运算符	具 体 描 述
&&	逻辑与运算符。例如 a && b，当 a 和 b 都为 true 时等于 true；否则等于 false
||	逻辑或运算符。例如 a || b，当 a 和 b 至少有一个为 true 时等于 true；否则等于 false
!	逻辑非运算符。例如 !a，当 a 等于 true 时，表达式等于 false；否则等于 true

7.　条件运算符

JavaScript 条件运算符的语法如下：

```
variable=boolean_expression ? true_value : false_value;
```

表达式将根据 boolean_expression 的计算结果为变量 variable 赋值。如果 boolean_expression 为 true，则把 true_value 赋给变量；否则把 false_value 赋给变量。例如，下面的代码将 iNuml 和 iNum2 中大者赋值给变量 iMax。

```
var iMax=(iNuml>iNum2) ? iNuml : iNum2;
```

8.　逗号运算符

使用逗号运算符可以在一条语句中执行多个运算，例如：

```
var iNuml=1, iNum=2, iNum3=3;
```

4.3　JavaScript 常用语句和函数

本节将介绍 JavaScript 语言的常用语句，包括分支语句和循环语句等。使用这些语句就可以编写简单的 JavaScript 程序了。

函数（function）由若干条语句组成，用于实现特定的功能。函数包含函数名、若干参数和返回值。一旦定义了函数，就可以在程序中需要实现该功能的位置调用该函数，给程序员共享代码带来了很大方便。在 JavaScript 中，除了提供丰富的系统函数外，还允许用户创建和使用自定义函数。

4.3.1 条件分支语句

条件分支语句指当指定表达式取不同的值时，程序运行的流程也发生相应的分支变化。JavaScript 提供的条件分支语句包括 if 语句和 switch 语句。

1. if 语句

if 语句是最常用的一种条件分支语句，其基本语法结构如下：

```
if (条件表达式)
语句块
```

只有当"条件表达式"等于 true 时，才执行"语句块"。

【例 4-5】 if 语句的例子。

```
if(a>10)
    document.write("变量a大于10");
```

如果语句块中包含多条语句，可以使用 {} 将语句块包含起来。例如：

```
if(a>10) {
    document.write("变量a大于10");
    a=10;
}
```

if 语句可以嵌套使用。也就是说在 < 语句块 > 中还可以使用 if 语句。

【例 4-6】 嵌套 if 语句的例子。

```
if(a>10) {
    document.write("变量a大于10");
    if (a>100)
        document.write("变量a大于100");
}
```

在书写 if 语句时，语句块的代码应该比上面的 if 语句缩进 2 个（或 4 个）空格，从而使程序的结构更加清晰。

2. else 语句

可以将 else 语句与 if 语句结合使用，指定不满足条件时所执行的语句。其基本语法结构如下：

```
if (条件表达式)
    语句块1
else
    语句块2
```

当条件表达式等于 true 时，执行语句块 1，否则执行语句块 2。

【例 4-7】 if...else... 语句的例子。

```html
<html>
<head><title>if 语句简单示例 </title></head>
<body>
    <script language ="javascript">
        var a=50;
        if(a>10)
            document.write(" 变量 a 大于 10");
        else
            document.write(" 变量 a 小于或等于 10");
    </script>
</body>
</html>
```

运行结果如图 4-2 所示。

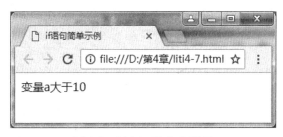

图 4-2 【例 4-7】运行结果

3. else if 语句

else if 语句是 else 语句和 if 语句的组合，当不满足 if 语句中指定的条件时，可以再使用 else if 语句指定另外一个条件，其基本语法结构如下：

```
if ( 条件表达式 1)
    语句块 1
else if ( 条件表达式 2)
    语句块 2
else if ( 条件表达式 3)
    语句块 3
......
else
    语句块 n
```

在一个 if 语句中，可以包含多个 else if 语句。

【例 4-8】 下面是一个显示当前系统日期的 JavaScript 代码，其中使用到了 if 语句、

else if 语句和 else 语句。

```
<html>
<head><title> 简单的 JavaScript 代码 </title></head>
<body>
    <script language ="javascript">
        d=new date();
        document.write(" 今天是 ");
        if(d.getday()==1) {
            document.write(" 星期一 ");
        }
        else if(d.getday()==2) {
            document.write(" 星期二 ");
        }
        else if(d.getday()==3) {
            document.write(" 星期三 ");
        }
        else if(d.getday()==4) {
            document.write(" 星期四 ");
        }
        else if(d.getday()==5) {
            document.write(" 星期五 ");
        }
        else if(d.getday()==6) {
            document.write(" 星期六 ");
        }
        else {
            document.write(" 星期日 ");
        }
    </script>
</body>
</html>
```

Date 对象用于处理日期和时间，getDay( ) 是 Date 对象的方法，它返回表示星期的某一天的数字。运行结果如图 4-3 所示。

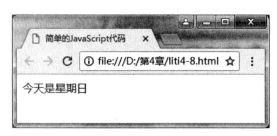

图 4-3 【例 4-8】运行结果

4. switch 语句

很多时候需要根据一个表达式的不同取值对程序进行不同的处理，此时可以使用 switch 语句，其语法结构如下：

```
switch (表达式) {
   case 值1: 语句块1; break;
   case 值2: 语句块2; break;
   ......
   case 值n: 语句块n; break;
   default: 语句块n+1;
}
```

case 子句可以多次重复使用，当表达式等于值1时，则执行语句块1；当表达式等于值2时，则执行语句块2；以此类推。如果以上条件都不满足，则执行 default 子句中指定的 < 语句块 n+l>。每个 case 子句的最后都包含一个 break 语句，执行此语句会退出 switch 语句，不再执行后面的语句。

【例 4-9】 将【例 4-8】的程序使用 switch 语句来实现，代码如下：

```
<HTML>
<HEAD><TITLE>【例 4-9】</TITLE></HEAD>
<BODY>
    <Script Language ="JavaScript">
        d=new Date();
        document.write(" 今天是 ");
            switch(d.getDay()) {
            case 1:
                document.write(" 星期一 ");
                break;
            case 2:
                document.write(" 星期二 ");
                break;
            case 3:
                document.write(" 星期三 ");
                break;
            case 4:
                document.write(" 星期四 ");
                break;
            case 5:
                document.write(" 星期五 ");
                break;
            case 6:
                document.write(" 星期六 ");
```

```
                break;
            default:
                document.write(" 星期日 ");
        }
    </Script>
</BODY>
</HTML>
```

4.3.2 循环语句

循环语句即在满足指定条件的情况下循环执行一段代码，并在指定的条件下退出循环。

JavaScript 中的循环语句包括 while 语句、do...while 语句、for 语句。

1. while 语句

while 语句的基本语法结构如下：

```
while (条件表达式) {
    循环语句体
}
```

当条件表达式等于 true 时，程序循环执行循环语句体中的代码。通常情况下，循环语句体中会有代码来改变条件表达式的值，从而使其等于 false 而结束循环语句。如果退出循环的条件一直无法满足，则会产生死循环。这是程序员不希望看到的。

【例 4-10】 下面通过一个实例来演示 while 语句的使用。

```
<html>
<head>
    <title>【例 4-10】</title>
</head>
<body>
    <script language ="javascript">
        var i=1;
        var sum=0;
        while(i<11) {
            sum=sum+i;
            i++;
        }
        document.write(sum);
    </script>
</body>
</html>
```

程序使用 while 循环计算从 1 累加到 10 的结果。每次执行循环体时,变量 i 会增加 1,

当变量 i 等于 11 时，退出循环。运行结果为 55。

2. do...while 语句

do...while 语句和 while 语句很相似，它们的主要区别在于 while 语句在执行循环体之前检查表达式的值，而 do...while 语句则是在执行一次循环体之后检查表达式的值，所以循环体至少要执行一次。

do...while 语句的基本语法结构如下：

```
do {
    循环语句句体
} while (条件表达式)
```

【例 4-11】 下面通过一个实例来演示 do...while 语句的使用。

```
<html>
<head>
    <title>【例 4-11】</title>
</head>
<body>
    <script language ="javascript">
        var i=1;
        var sum=0;
        do{
            sum=sum+i;
            i++;
        }while(i<11);
        document.write(sum);
    </script>
</body>
</html>
```

程序使用 do...while 语句循环计算从 1 累加到 10 的结果。每次执行循环体时，变量 i 会增加 1，当变量 i 等于 11 时，退出循环。运行结果为 55。

3. for 语句

JavaScript 中的 for 语句与 C++ 中的 for 语句相似，其基本语法结构如下：

```
for (表达式 1；表达式 2；表达式 3) {
    循环语句
}
```

程序在开始循环时计算表达式 1 的值，通常对循环计数器变量进行初始化设置；每次循环开始之前，计算表达式 2 的值，如果为 true，则继续执行循环体语句，否则退出循环；每次循环体语句结束之后，对表达式 3 进行求值，通常是改变循环计数器变量值的语句，使表达式 2 在某次循环结束后等于 false，从而退出循环。

【例 4-12】 下面通过一个实例来演示 for 语句的使用。

```html
<html>
<head><title>【例4-12】</title></head>
<body>
    <script language ="javascript">
        var sum=0;
        for(var i=1; i<11; i++) {
            sum=sum+i;
        }
        document.write(sum);
    </script>
</body>
</html>
```

程序使用 for 语句循环计算从 1 累加到 10 的结果。循环计数器 i 的初始值被设置为 1，每次循环变量 i 的值增加 1；当 i<11 时执行循环体。运行结果为 55。

4. continue 语句

在循环体中使用 continue 语句可以跳过本次循环后面的代码，重新开始下一次循环。

【例 4-13】 如果只计算 1~100 之间的偶数之和，可以使用下面的代码：

```html
<html>
<head>
    <title>【例4-13】</title>
</head>
<body>
    <script language="javascript">
        var i=1;
        var sum=0;
        while(i<101) {
            if(i % 2==1) {
                i++;
                continue;
            }
            sum=sum+i;
            i++;
        }
        document.write(sum);
    </script>
</body>
</html>
```

如果 i%2 等于 1，表示变量 i 是奇数。此时，只对 i 加 1，然后执行 continue 语句开始下一次循环，并不将其累加到变量 sum 中。

5．break 语句

在循环体中使用 break 语句可以跳出循环体，执行循环语句后面的语句。

【例 4-14】 将【例 4-10】修改为使用 break 语句跳出循环体。

```html
<html>
<head><title>【例 4-14】</title></head>
<body>
    <script language="javascript">
        var i=1;
        var sum=0;
        while(true) {
                if(i>=11)
                    break;
                sum=sum+i;
                i++;
        }
        document.write(sum);
    </script>
</body>
</html>
```

4.3.3　创建自定义函数

可以使用 function 关键字来创建自定义函数，其基本语法结构如下：

```
function 函数名（参数列表）
{
    函数体
}
```

参数列表可以为空，即没有参数；也可以包含多个参数，参数之间使用逗号（,）分隔。函数体可以是一条语句，也可以由一组语句组成。

【例 4-15】 创建一个非常简单的函数 PrintWelcome()，它的功能是打印字符串"欢迎使用 JavaScript"，代码如下：

```
function PrintWelcome ()
{
    document.write(" 欢迎使用 JavaScript");
}
```

调用此函数，将在网页中显示"欢迎使用 JavaScript"字符串。PrintWelcome( ) 函数没有参数列表，也就是说，每次调用 PrintWelcome() 函数的结果都是一样的。

可以通过参数将要打印的字符串通知自定义函数，从而可以由调用者决定函数工作的情况。

【例 4-16】 创建函数 PrintString()，通过参数决定要打印的内容。

```
function PrintString(str)
{
    document.write(str);
}
```

变量 str 是函数的参数。在函数体中，参数可以像其他变量一样被使用。

可以在函数中定义多个参数，参数之间使用逗号分隔。

【例 4-17】 定义一个函数 sum()，用于计算并打印两个参数之和。函数 sum() 包含两个参数 num1 和 num2，代码如下：

```
function sum(num1,num2)
{
    document.write(num1+num2);
}
```

4.3.4 调用函数

可以直接使用函数名来调用函数，无论是系统函数还是自定义函数，调用函数的方法都是一样的。

【例 4-18】 要调用 PrintWelcome() 函数，显示"欢迎使用 JavaScript"字符串，代码如下：

```
<HTML>
<HEAD><TITLE>【例 4-18】</TITLE></HEAD>
<BODY>
    <Script Language ="JavaScript">
        function PrintWelcome()
        {
            document.write(" 欢迎使用 JavaScript");
        }
        PrintWelcome();
    </Script>
</BODY>
</HTML>
```

如果函数存在参数，则在调用函数时，也需要使用参数。

【例 4-19】 要调用 PrintString() 函数，打印用户指定的字符串，代码如下：

```
<HTML>
<HEAD><TITLE>【例 4-19】</TITLE></HEAD>
```

```
<BODY>
    <Script Language ="JavaScript">
        function PrintString(str)
        {
            document.write (str);
        }
        PrintString(" 传递参数 ");
    </Script>
</BODY>
</HTML>
```

如果函数中定义了多个参数，则在调用函数时也需要使用多个参数，参数之间使用逗号分隔。

【例 4-20】 调用 sum() 函数，计算并打印 1 和 2 之和，代码如下：

```
<HTML>
<HEAD><TITLE>【例 4-20】</TITLE></HEAD>
<BODY>
    <Script Language ="JavaScript">
        function sum(num1,num2)
        {
            document.write (num1+num2);
        }
        sum(1, 2);
    </Script>
</BODY>
</HTML>
```

4.3.5 变量的作用域

在函数中也可以定义变量，在函数中定义的变量被称为局部变量。局部变量只在定义它的函数内部有效，在函数体之外，即使使用同名的变量，也会被看作另一个变量。相应地，在函数体之外定义的变量是全局变量。全局变量在定义后的代码中都有效，包括它后面定义的函数体内。如果局部变量和全局变量同名，则在定义局部变量的函数中，只有局部变量是有效的。

【例 4-21】 局部变量和全局变量作用域的例子。

```
<HTML>
<HEAD><TITLE>【例 4-21】</TITLE></HEAD>
<BODY>
    <Script Language ="JavaScript">
        var a=100;                    // 全局变量
        function setNumber() {
            var a=10;                 // 局部变量
            document.write(a);        // 打印局部变量 a
        }
```

```
        setNumber();
        document.write("<BR>");
        document.write(a);                // 打印全局变量a
    </Script>
</BODY>
</HTML>
```

在函数 setNumber() 外部定义的变量 a 是全局变量，它在整个程序中都有效。在 set-Number() 函数中也定义了一个变量 a，它只在函数体内部有效。因此在 setNumber() 函数中修改变量 a 的值，只是修改了局部变量的值，并不影响全局变量 a 的内容。运行结果如下：

```
10
100
```

4.3.6 函数的返回值

可以为函数指定一个返回值，返回值可以是任何数据类型，使用 return 语句可以返回函数值并退出函数，语法如下：

```
function 函数名()
{
    return 返回值;
}
```

【例 4-22】 对【例 4-20】中的 sum() 函数进行改造，通过函数的返回值返回累加结果，代码如下：

```
<HTML>
<HEAD><TITLE>【例 4-22】</TITLE></HEAD>
<BODY>
    <Script Language ="JavaScript">
        function sum(num1, num2)
        {
            return num1+num2;
        }
        document.write(sum(1,2));
    </Script>
</BODY>
</HTML>
```

4.4 JavaScript 面向对象程序设计

面向对象编程是 JavaScript 采用的基本编程思想，它可以将属性和代码集成在一起，定义为类，从而使程序设计更加简单、规范、有条理。本节将介绍如何在 JavaScript 中使用类和对象。

4.4.1 面向对象程序设计思想简介

在传统的程序设计中，通常使用数据类型对变量进行分类。不同数据类型的变量拥有不同的属性，例如整型变量用于保存整数，字符串变量用于保存字符串。数据类型实现了对变量的简单分类，但并不能完整地描述事物。

在日常生活中，要描述一个事物，既要说明它的属性，也要说明它所能进行的操作。例如，如果将计算机看作一个事物，它的属性包含品牌、类型、型号、尺寸、配置、颜色等，它能完成的动作包括启动、运行软件、录入、存储、播放视频音频、上网冲浪、关机等。将计算机的属性和能够完成的动作结合在一起，就可以完整地描述计算机的所有特征了。

面向对象的程序设计思想正是基于这种设计理念，将事物的属性和方法都包含在类中，而对象则是类的一个实例。如果将计算机定义为类，那么具体的一台计算机就是一个对象。不同的对象拥有不同的属性值。

JavaScript 提供对面向对象程序设计思想的全面支持，从而使应用程序的结构更加清晰。

4.4.2 JavaScript 内置类

JavaScript 采用面向对象设计的基本编程思想，并提供了一系列的内置类（也称内置对象）。了解这些内置类的使用方法是使用 JavaScript 进行编程的基础和前提。

1. 基类 Object

所有 JavaScript 内置类都从基类 Object 派生（继承）。

继承是面向对象程序设计思想的重要机制。类可以继承其他类的内容，包括成员变量和成员函数。而从同一个类中继承得到的子类也具有多态性，即相同的函数名在不同子类中有不同的实现。就如同子女会从父母那里继承到人类共有的特性，而子女也具有自己的特性。

基类 Object 包含的属性和方法如表 4-7 所示，这些属性和方法可以被所有 JavaScript 内置类继承。

表 4-7　基类 Object 的属性和方法

属性和方法	具 体 描 述
Prototype 属性	对该对象的对象原型的引用。原型是一个对象，其他对象可以通过它实现属性继承，也就是说可以把原型理解成父类
constructor() 方法	构造函数。构造函数是类的一个特殊函数，当创建类的对象实例时系统会自动调用构造函数，通过构造函数对类进行初始化操作
hasOwnProperty(proName) 方法	检查对象是否有局部定义的（非继承的）、具有特定名字（proName）的属性
IsPrototypeOf(object) 方法	检查对象是否是指定对象的原型

属性和方法	具 体 描 述
propertyIsEnumerable(proName) 方法	返回 Boolean 值，指出所指定的属性（proName）是否为一个对象的一部分以及该属性是否是可列举的。如果 proName 存在于 Object 中且可以穷举出来，则返回 true；否则返回 false
toLocaleString() 方法	返回对象地方化的字符串表示
toString() 方法	返回对象的字符串表示
valueOf()	返回对象的原始值（如果存在）

2. 内置类的基本功能

JavaScript 内置类的基本功能如表 4-8 所示。

表 4-8　JavaScript 内置类的基本功能

内 置 类	基 本 功 能
Arguments	用于存储传递给函数的参数
Array	用于定义数组对象
Boolean	布尔值的包装对象，用于将非布尔型的值转换成一个布尔值（true 或 false）
Date	用于定义日期对象
Error	错误对象，用于错误处理。它还派生出下面几个处理错误的子类 • EvalError：处理发生在 eval() 中的错误 • SyntaxError：处理语法错误 • RangeError：处理数值超出范围的错误 • ReferenceError：处理引用错误 • TypeError：处理不是预期变量类型的错误 • URIError：处理发生在 encodeURI() 或 decodeURI() 中的错误
Function	用于表示开发者定义的任何函数
Math	数学对象，用于数学计算
Number	原始数值的包装对象，可以自动地在原始数值和对象之间进行转换
RegExp	用于完成有关正则表达式的操作和功能
String	字符串对象，用于处理字符串

由于篇幅所限，这里不对所有的 JavaScript 内置类做具体介绍。稍后将介绍 Array、Date、Math 和 String 等常用内置类的使用方法。

3. Array 对象

可以使用 Array 对象创建数组。数组（array）是内存中一段连续的存储空间，用于保存一组相同数据类型的数据。数组具有如下特性：

- 和变量一样，每个数组都有一个唯一标识它的名称。
- 同一数组的数组元素应具有相同的数据类型。
- 每个数组元素都有索引和值（value）两个属性，索引是从 0 开始的整数，用于定义和标识数组中数组元素的位置；值就是数组元素对应的值。

创建数组对象的方法如下：

```
var 数组对象名 =new Array（数组大小）
```

new 关键字用于创建对象。可以使用它为所有 JavaScript 类创建对象。

例如创建包含 7 个元素的数组对象 arr 的语句如下：

```
var arr=new Array(7);
```

可以通过索引访问数组元素，方法如下：

```
数组对象名 [ 索引 ];
```

数组元素的索引是从 0 开始的整数，arr[0] 表示数组对象 arr 的第 1 个数组元素，arr[1] 表示数组对象 arr 的第 2 个数组元素，以此类推。

Array 对象只有一个属性 length，用来返回数组的长度。

【例 4-23】 一个定义和使用一维数组的例子。

```
<HTML>
<HEAD><TITLE>【例 4-23】</TITLE></HEAD>
<BODY>
    <Script Language="JavaScript">
    var arr=new Array(3);
    // 为数组元素赋值
    arr[0]=" 天猫 ";
    arr[1]=" 京东 ";
    arr[2]=" 当当 ";
    // 打印数组元素的值
    for (var i=0;i<arr.length;i++){
        document.write(arr[i]);
        document.write("<BR>");
    }
    </Script>
</BODY>
</HTML>
```

JavaScript 支持动态数组，也就是说，在创建数组对象时可以不指定数组大小。在程序运行时由赋值语句动态地决定数组大小。例如，在【例 4-23】中，使用下面的语句创建数组对象 arr 的效果是一样的：

```
var arr=new Array();
```

Array 对象的方法如表 4-9 所示。

表 4-9　Array 对象的方法

方　　法	具　体　描　述
Join	将数组中所有元素连接成字符串，元素间使用逗号或其他分隔符连接
Reverse	返回数组的倒序
Sort	返回按字母顺序排列的数组

【例 4-24】　下面是使用 Array 对象方法的示例程序。

```
<HTML>
<HEAD><TITLE>演示使用 Array 对象的方法 </TITLE></HEAD>
<BODY>
    <Script Language ="JavaScript">
        var MyArr;
        var MyStr;
        MyArr=new Array(3);
        MyArr[0]="123";
        MyArr[1]="789";
        MyArr[2]="456";
        //计算数组长度
        document.write(" 数组 MyArr 的长度为： " + MyArr.length);
        document.write("<BR>");
        //连接数组
        MyStr=MyArr.join("-");
        document.write(" 将数组 MyArr 连接成字符串 MyStr，MyStr 的值为： " + MyStr);
        document.write("<BR>");
        //倒序
        MyArr.reverse();
        MyStr=MyArr.join("#");
        document.write (" 将数组 MyArr 倒序后，各元素值依次为： " + MyStr);
        document.write("<BR>");
        //排序
        MyArr.sort();
        MyStr=MyArr.join("*");
        document.write (" 将数组 MyArr 排序后，各元素值依次为： " + MyStr);
```

```
      </Script>
</BODY>
</HTML>
```

运行结果如图 4-4 所示。

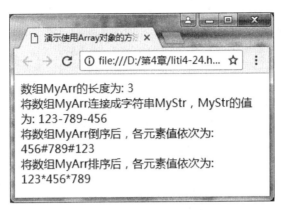

图 4-4　【例 4-24】运行结果

4. Date 对象

可以使用下面几种方法创建 Date 对象：

```
MyDate=new Date;                    // 创建日期为当前系统时间的 Date 对象
MyDate=new Date("2018-11-20");      // 创建日期为 2018-11-20 的 Date 对象
```

Date 对象的常用方法如表 4-10 所示。

表 4-10　Date 对象的常用方法

方　　法	具　　体　　描　　述
getDate	返回 Date 对象中用本地时间表示的一个月中的日期值
getDay	返回 Date 对象中用本地时间表示的一周中的星期值。0 表示星期天，1 表示星期一，2 表示星期二，3 表示星期三，4 表示星期四，5 表示星期五，6 表示星期六
getFullYear	返回 Date 对象中用本地时间表示的年份值
getHour	返回 Date 对象中用本地时间表示的小时值
getMilliseconds	返回 Date 对象中用本地时间表示的毫秒值
getMinutes	返回 Date 对象中用本地时间表示的分钟值
getMonth	返回 Date 对象中用本地时间表示的月份值（0 ~ 11，0 表示 1 月，1 表示 2 月，以此类推）
getSeconds	返回 Date 对象中用本地时间表示的秒值
getTime	返回 Date 对象中用本地时间表示的时间值
getYear	返回 Date 对象中的年份值，不同浏览器对此方法的实现不同，建议使用 getFullYear

【例 4-25】 下面是 Date 对象的一个示例程序。

```
<HTML>
<HEAD><TITLE>演示使用 Date 对象 </TITLE></HEAD>
<BODY>
    <Script Language ="JavaScript">
        var arrWeekDay = new Array(" 星期日 ", " 星期一 ", " 星期二 ", " 星期三 ",
            " 星期四 ", " 星期五 ", " 星期六 ", " 星期日 ");
        var today;
        today=new Date();
        document.write (" 现在是: " + today.getFullYear() + " 年 " + (today.get
Month()+1)+ " 月 " + today.getDate() + " 日 "+ arrWeekDay [today.getDay()]);
    </Script>
</BODY>
</HTML>
```

这段程序的功能是读取当前日期，然后将其拆分显示。运行结果如图 4-5 所示。

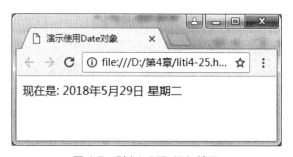

图 4-5 【例 4-25】运行结果

5. Math 对象

可以使用 Math 对象处理一些常用的数学运算。Math 对象的常用方法如表 4-11 所示。

表 4-11 Math 对象的常用方法

方 法	具 体 描 述
abs	返回数值的绝对值
ceil	返回大于等于其数字参数的最小整数，也叫上取整
exp	返回 e（自然对数的底）的幂
floor	返回小于等于其数字参数的最大整数，也叫下取整
log	返回数字的自然对数
max	返回给出的两个数值表达式中较大者
min	返回给出的两个数值表达式中较小者

续表

方 法	具 体 描 述
pow	返回底表达式的指定次幂
random	返回介于 0 ~ 1 之间的伪随机数
round	返回与给出的数值表达式最接近的整数，即四舍五入
sqrt	返回数字的平方根

Math 对象不能使用 new 关键字创建，使用时直接使用 Math. 方法名 ( ) 调用。

【例 4-26】 使用 Math 对象的示例程序。

```html
<HTML>
<HEAD><TITLE>演示使用 Math 对象 </TITLE></HEAD>
<BODY>
    <Script Language ="JavaScript">
        var arrWeekDay = new Array("星期日 ", "星期一 ", "星期二 ", "星期三 ",
            "星期四 ", "星期五 ", "星期六 ", "星期日 ");
        var today;
        document.write ("Math.abs(-1)= " + Math.abs(-1)+"<BR>");
        document.write ("Math.ceil(0.44)= " +Math.ceil(0.44)+"<BR>");
        document.write ("Math.floor(0.44)= " +Math.floor(0.44)+"<BR>");
        document.write ("Math.max(15,24)= " +Math.max(15,24)+"<BR>");
        document.write ("Math.min(15,24)= " +Math.min(15,24)+"<BR>");
        document.write ("Math.random()= " +Math.random()+"<BR>");
        document.write ("Math.round(0.45)= " +Math.round(0.45)+"<BR>");
        document.write ("Math.sqrt(4)= " +Math.sqrt(4)+"<BR>");
    </Script>
</BODY>
</HTML>
```

运行结果如图 4-6 所示。

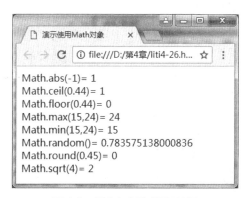

图 4-6 【例 4-26】运行结果

大家的 Math.random() 运行结果可能和图中不一样，这是正常的，因为它是生成随机数，每次运行的结果都是随机的，都会不一样。

6. String 对象

String 对象只有一个属性 length，返回字符串的长度。String 对象的常用方法如表 4-12 所示。

表 4-12　String 对象的常用方法

方　　法	具　体　描　述
anchor	在对象中的指定文本两端放置一个有 NAME 属性的 HTML 锚点。下面示例说明了 anchor 方法是如何实现的： var MyStr = "This is an anchor" ; MyStr = MyStr.anchor("Anchor1"); 执行完最后一条语句后 MyStr 的值为： <A NAME="Anchor1">This is an anchor</A>
big	把 HTML <BIG> 标记放置在 String 对象中的文本两端
blink	把 HTML <BLINK> 标记放置在 String 对象中的文本两端
bold	把 HTML <B> 标记放置在 String 对象中的文本两端
charAt	返回指定索引位置处的字符
charDodeAt	返回指定字符的 Unicode 编码
concat	返回一个 String 对象，该对象包含了两个提供的字符串的连接
fixed	把 HTML <TT> 标记放置在 String 对象中的文本两端
fontcolor	把带有 COLOR 属性的一个 HTML <FONT> 标记放置在 String 对象中的文本两端
fontsize	把一个带有 SIZE 属性的 HTML <FONT> 标记放置在 String 对象中的文本的两端

可以看到，使用 String 对象的方法可以很方便地在字符串上添加 HTML 标记。

【例 4-27】　使用 String 对象的示例程序。

```
<HTML>
<HEAD><TITLE> 演示使用 String 对象 </TITLE></HEAD>
<BODY>
<Script Language="JavaScript">
    var MyStr;
    MyStr=new String("This is a string.");
    document.write(MyStr+"<BR>");
    // 显示大号字体
    document.write(MyStr.big()+"<BR>");
    // 加粗字体
```

```
        document.write(MyStr.bold()+"<BR>");
        // 设置字体大小
        document.write(MyStr.fontsize(2)+"<BR>");
        // 设置字体颜色
        document.write(MyStr.fontcolor("green")+"<BR>");
    </Script>
</BODY>
</HTML>
```

运行结果如图 4-7 所示。

图 4-7　【例 4-27】运行结果

4.4.3　HTML DOM

DOM 是 Document Object Model(即文档对象模型）的简称，是 W3C 组织推荐的处理可扩展标志语言的标准编程接口。它是一种与平台和语言无关的应用程序接口（API）。

HTML DOM 定义了访问和操作 HTML 文档的标准方法。它把 HTML 文档表现为带有元素、属性和文本的树结构（结点树）。

可以看到，在 HTML DOM 中，HTML 文档由元素组成，HTML 元素是分层次的，每个元素又可以包含属性和文本。

本书后面很多内容都是基于 HTML DOM 编程的，使用 JavaScript 对 HTML DOM 对象进行操作。在 HTML DOM 类结构的顶层是浏览器对象。

可以使用浏览器对象操纵浏览器窗口，HTML DOM 浏览器对象的具体功能如表 4-13 所示。

由于篇幅所限，本书只介绍 Window、Navigator 和 Document 等常用浏览器对象的使用方法。

表 4-13　HTML DOM 浏览器对象的具体功能

对　　象	具　体　描　述
Window	Window 对象是 HTML DOM 浏览器对象结构的最顶层对象，它表示浏览器窗口
Document	用于管理 HTML 文档，可以用来访问页面中的所有元素

续表

对　象	具　体　描　述
Frames	表示浏览器窗口中的框架窗口。Frames 是一个集合，例如 Frames[0] 表示窗口中的第 1 个框架
History	表示浏览器窗口的浏览历史，就是用户访问过的站点的列表
Location	表示在浏览器窗口的地址栏中输入的 URL
Navigator	包含客户端浏览器的信息
Screen	包含客户端显示屏的信息

4.4.4　Window 对象

Window 对象表示浏览器中一个打开的窗口。Window 对象的属性如表 4-14 所示。

表 4-14　Window 对象的属性

属　性	具　体　描　述
closed	返回窗口是否已被关闭
defaultStatus	设置或返回窗口状态栏中的默认文本
document	对 Document 对象的引用，表示窗口中的文档
history	对 History 对象的引用。表示窗口的浏览历史记录
innerheight	返回窗口的文档显示区的高度
innerwidth	返回窗口的文档显示区的宽度
location	对 Location 对象的引用，表示在浏览器窗口的地址栏中输入的 URL
name	设置或返回窗口的名称

Window 对象的方法如表 4-15 所示。

表 4-15　Window 对象的方法

方　法	具　体　描　述
alert()	弹出一个警告对话框
close()	关闭浏览器窗口
confirm()	显示一个请求确认对话框，包含一个"确定"按钮和一个"取消"按钮。在程序中，可以根据用户的选择决定执行的操作
focus()	把键盘焦点给予一个窗口
moveTo()	把窗口的左上角移动到一个指定的坐标
open()	打开一个新的浏览器窗口或查找一个已命名的窗口

续表

方　法	具　体　描　述
print()	打印当前窗口的内容
prompt()	显示可提示用户输入的对话框

【例 4-28】 使用 alert 方法弹出一个警告对话框的例子。

```
<HTML>
<HEAD><TITLE> 演示 alert() 的使用 </TITLE></HEAD>
<BODY>
    <Script LANGUAGE=JavaScript>
        function Clickme() {
            alert(" 你好 ");
        }
    </Script>
    <p><a href=# onclick="Clickme()">点击这里试一试 </a></p>
</BODY>
</HTML>
```

运行结果如图 4-8 所示。

 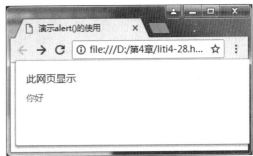

图 4-8　【例 4-28】运行结果

这段程序定义了一个 JavaScript 函数 Clickme()，功能是调用 alert() 方法弹出一个警告对话框显示"你好"。在网页的 HTML 代码中使用 onclick="Clickme()" 的方法调用 Clickme() 函数。

因为是在当前窗口弹出对话框，所以 Window.alert() 可以简写为 alert()，功能相同。

【例 4-29】 使用 Window.confirm() 方法显示一个请求确认对话框的例子。

```
<HTML>
<HEAD><TITLE> 演示 confirm() 的使用 </TITLE></HEAD>
<BODY>
    <Script LANGUAGE=JavaScript>
        function Checkme() {
```

```
                if(confirm("是否确定提交数据?")==true)
                    alert("成功提交数据");
                else
                    alert("没有提交数据");
                }
        </Script>
        <p><a href=# onclick="Checkme()">提交数据</a></p>
    </BODY>
    </HTML>
```

confirm() 方法返回 true, 表示用户单击了"确定"按钮; 否则表示用户单击了"取消"按钮。运行结果如图 4-9 所示。

图 4-9 【例 4-29】运行结果

【例 4-30】 使用 Window.prompt() 方法显示一个对话框要求用户输入数据的例子。

```
<HTML>
<HEAD><TITLE>演示 prompt() 的使用 </TITLE></HEAD>
<BODY>
    <Script LANGUAGE=JavaScript>
    function Input() {
        var MyName=prompt("请输入您的姓名");
        alert("您的姓名是: " + MyName);
    }
    </Script>
    <p><a href=# onclick="Input()">录入姓名</a></p>
```

```
</BODY>
</HTML>
```

prompt() 方法的返回值是用户输入的数据，运行结果如图 4-10 所示。

图 4-10 【例 4-30】运行结果

下面详细介绍一下 Window.setTimeout() 方法的使用。Window.setTimeout() 方法的语法如下：

```
Window.setTimeout (code,millisec)
```

参数 code 表示调用的函数后要执行的 JavaScript 代码串，参数 millisec 表示在执行代码前需等待的毫秒数。

【例 4-31】 使用 Window.setTimeout() 方法的例子。

```
<HTML>
<HEAD><TITLE> 演示 setTimeout() 的使用 </TITLE></HEAD>
<BODY>
    <Script LANGUAGE=JavaScript>
        function closewindow() {
            document.write("2 秒后将关闭窗口 ");
            setTimeout("window.close()",2000);
        }
    </Script>
    <input type="button" onclick="closewindow()" value=" 关闭 " />
</BODY>
</HTML>
```

网页中定义了一个按钮，单击此按钮，2 秒后会关闭窗口。

下面详细介绍 Window.open() 方法的用法。Window.open() 方法的功能是打开一个新窗口，可以设置窗口中显示的网页内容、标题及窗口的属性等，语法如下：

```
Window.open (url, 窗口名, 属性列表)
```

属性列表的内容如表 4-16 所示。

表 4-16　Window.open( ) 方法的属性列表

属　　性	具　体　描　述
height	窗口高度
width	窗口宽度
top	窗口距屏幕上方的像素值
left	窗口距屏幕左侧的像素值
toolbar	是否显示工具栏，toolbar = yes 表示显示工具栏，toolbar = no 表示不显示
menubar	是否显示菜单栏，menubar = yes 表示显示菜单栏，menubar = no 表示不显示
scrollbars	是否显示滚动条，scrollbars = yes 表示显示滚动条，scrollbars = no 表示不显示
resizable	是否允许改变窗口大小，resizable = yes 表示允许，resizable = no 表示不允许
location	是否显示地址栏，location = yes 表示允许，location = no 表示不允许
status	是否显示状态栏，status = yes 表示允许，status = no 表示不允许

【例 4-32】 演示使用 Window.open() 方法打开一个新窗口。

```
<HTML>
<HEAD><TITLE>演示使用 Window.open() 的使用 </TITLE></HEAD>
<BODY>
    <Script LANGUAGE=JavaScript>
        function newwin(url, wname) {
            var oth="toolbar=no,location=no,directories=no,status=no,menubar=no,";
            oth=oth+"left=200,top=200,width=400,height=300";
            var newwin=window.open(url,wname,oth);
            newwin.focus();
        }
    </Script>
    <a href=# onclick="newwin( 'http://www.sina.com.cn' , '新浪网' )">点击打开网站</a>
</BODY>
</HTML>
```

程序中定义了一个函数 newwin()，这是比较有用的一个自定义函数，可以实现弹出窗口的功能。参数 url 指定要在新窗口中打开网页的地址，参数 wname 指定新窗口的名称，后面的属性列表可以根据需要设置。可以使用这种方法弹出广告窗口。

在浏览器中浏览此页面，会看到一个"点击打开网站"超链接，单击此链接，会弹出一个新窗口，打开新浪网的首页。

4.4.5 Navigator 对象

Navigator 对象包含浏览器的信息。Navigator 对象的属性如表 4-17 所示。

表 4-17 Navigator 对象的属性

属　　性	具　体　描　述
appCodeName	返回浏览器的代码名
appMinorVersion	返回浏览器的次级版本
appName	返回浏览器的名称
appVersion	返回浏览器的平台和版本信息
browserLanguage	返回当前浏览器的语言
cookieEnabled	返回指明浏览器中是否启用 cookie 的布尔值
cpuClass	返回浏览器系统的 CPU 等级
onLine	返回指明系统是否处于脱机模式的布尔值
platform	返回运行浏览器的操作系统平台
systemLanguage	返回操作系统使用的默认语言
userAgent	返回由客户机发送服务器的 user-agent 头部的值
userLanguage	返回用户设置的操作系统的语言

【例 4-33】 使用 Navigator 对象属性获取并显示浏览器信息的例子。

```
<HTML>
<HEAD><TITLE>浏览器信息 </TITLE>
</HEAD>
<BODY>
    <Script LANGUAGE=JavaScript>
        document.write("浏览器名称: "+navigator.appName+"<br>");
        document.write("浏览器版本: "+navigator.appVersion+"<br>");
        document.write("浏览器的代码名称: "+navigator.appCodeName+"<br>");
        document.write("是否启用 cookie: "+navigator. cookieEnabled +"<br>");
        document.write("浏览器的语言: "+navigator. browserLanguage +"<br>");
        document.write("操作系统平台: "+navigator. platform +"<br>");
        document.write("CPU 等级: "+navigator. cpuClass +"<br>");
    </Script>
</BODY>
</HTML>
```

运行结果如图 4-11 所示。

图 4-11 【例 4-33】运行结果

Navigator 对象的实例是唯一的，即所有窗口的 Navigator 对象是唯一的。

4.4.6 Document 对象

Document 是常用的 JavaScript 对象，用于管理网页文档。前面已经介绍了使用 document.write( ) 用于在文档中输出字符串的方法。本小节再简单地介绍一下 Document 对象的属性、方法、子对象和集合。

1. 常用属性

Document 对象的常用属性如表 4-18 所示。

表 4-18　Document 对象的常用属性

属　　性	具　体　描　述	属　　性	具　体　描　述
title	设置文档标题，等价于 HTML 的 title 标签	URL	返回当前文档的 URL
bgColor	设置页面背景色	fileCreatedDate	文件建立日期，只读属性
fgColor	设置前景色（文本颜色）	fileModifiedDate	文件修改日期，只读属性
linkColor	未点击过的链接颜色	fileSize	文件大小，只读属性
alinkColor	激活链接（焦点在此链接上）的颜色	cookie	设置和读取 cookie
vlinkColor	已点击过的链接颜色	charset	设置字符集

2. 常用方法

Document 对象的常用方法如表 4-19 所示。

表 4-19　Document 对象的常用方法

方　　法	具　体　描　述	方　　法	具　体　描　述
write	动态向页面写入内容	getElementById(ID)	获得指定 ID 值的对象
createElement(Tag)	创建一个 html 标签对象	getElementsByName(Name)	获得指定 Name 值的对象

3. 子对象和集合

Document 对象的常用子对象和集合如表 4-20 所示。

表 4-20　Document 对象的常用子对象和集合

子对象和集合	具 体 描 述
body 主体子对象	指定文档主体的开始和结束，等价于 \<body>…\</body>
location 位置子对象	指定窗口所显示文档的完整（绝对）URL
selection 选区子对象	表示当前网页中的选中内容
images 集合	表示页面中的图像
forms 集合	表示页面中的表单

【**例 4-34**】　演示 Document 对象使用的实例。

```html
<HTML>
<HEAD>
    <TITLE> 文档属性 </TITLE>
</HEAD>
<BODY bgColor="yellow" text="blue">
    <img src="blue.jpg" width="170" height="100" border="0" alt=""><br/>
    <Script LANGUAGE=JavaScript>
        document.write(" 文件地址 :"+document.location+"<br/>")
        document.write(" 文件标题 :"+document.title+"<br/>");
        document.write(" 图片路径 :"+document.images[0].src+"<br/>");
        document.write(" 文本颜色 :"+document.fgColor+"<br/>");
        document.write(" 背景颜色 :"+document.bgColor+"<br/>");
    </Script>
</BODY>
</HTML>
```

运行结果如图 4-12 所示。

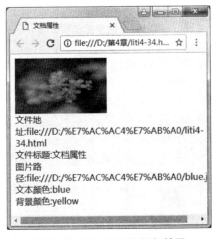

图 4-12　【例 4-34】运行结果

4.5 JavaScript 事件处理

事件处理是 JavaScript 的一个优势，就是可以针对某个事件编写程序进行处理。

4.5.1 常用 HTML 事件

常用的 HTML 事件如表 4-21 所示。

表 4-21 常用的 HTML 事件

事　件	具　体　描　述	事　件	具　体　描　述
onabort	图像的加载被中断时触发	ondblclick	当用户双击某个对象时触发
onblur	元素失去焦点时触发	onerror	如果加载文档或图像时发生错误，则触发
onchange	域的内容被改变时触发	onfocus	元素获得焦点时触发
onclick	当用户单击某个对象时触发	onkeydown	某个键盘按键被按下时触发

每个事件的处理函数都有一个 Event 对象作为参数。Event 对象代表事件的状态，比如发生事件中的元素、键盘按键的状态、鼠标的位置、鼠标按钮的状态等。Event 对象的 type 属性可以返回当前 Event 对象表示的事件的名称。

【例 4-35】 在网页中点击鼠标，弹出一个对话框，显示触发的事件类型。

```html
<HTML>
<HEAD>
    <script type="text/javascript">
        function getEventType(event)
        {
            alert(event.type);
        }
    </script>
</HEAD>
<BODY onmousedown="getEventType(event)">
    <p>在网页中点击某个位置，弹出对话框会显示被触发事件的类型。</p>
</BODY>
</HTML>
```

运行结果如图 4-13 所示。

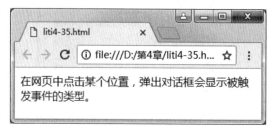

图 4-13 【例 4-35】运行结果

图 4-13　【例 4-35】运行结果（续）

在 <body> 标签中定义了 onmousedown 事件的处理函数为 getEventType( )，参数 event 是 Event 对象。在 getEventType( ) 函数中调用 alert( ) 方法显示 event.type 属性。

也可以使用 addEventListener( ) 函数侦听事件并对事件进行处理，语法如下：

```
target.addEventListener(type,listener,useCapture);
```

参数说明如下：

- target：HTML DOM 对象，例如 document 或 window。
- type：事件类型。
- listener：侦听到事件后处理事件的函数。此函数必须接受 Event 对象作为其唯一的参数。
- useCapture: 是否使用捕捉。侦听器在侦听时有三个阶段：捕获阶段、目标阶段和冒泡阶段。此参数的作用是确定侦听器是运行于捕获阶段、目标阶段还是冒泡阶段。一般用 false，不用捕捉。

【例 4-36】　演示使用 addEventListener( ) 函数侦听事件并对事件进行处理的方法。

```
<HTML>
<HEAD><TITLE>演示使用 Window 对象事件的使用 </TITLE></HEAD>
<BODY>
    <input id="myinput"></input>
    <script language=JavaScript>
        function handler()
        {
            alert('Hello!');
        }
        document.getElementById("myinput").addEventListener("click",
handler, false);
    </script>
</BODY>
</HTML>
```

运行结果如图 4-14 所示。

图 4-14 【例 4-36】运行结果

4.5.2 Window 对象的事件处理

Window 对象的事件包括 OnLoad（窗口启动）、OnUnLoad（窗口关闭）、OnFocus（窗口获得焦点）、OnBlur（窗口失去焦点）和 OnError（窗口中出现错误）等，比较常用的事件是 OnLoad。

【例 4-37】 演示在打开一个网页时弹出一个对话框，代码如下：

```
<HTML>
<HEAD>
    <TITLE> 演示 OnLoad 事件的使用 </TITLE>
</HEAD>
<BODY OnLoad="alert('welcome'); ">
    打开此网页时将弹出一个对话框
</BODY>
</HTML>
```

4.5.3 Event 对象

前面已经介绍了每个事件的处理函数都有一个 Event 对象作为参数，Event 对象代表事件的状态。Event 对象的属性如表 4-22 所示。

表 4-22 Event 对象的属性

属　　性	具　体　描　述
altKey	用于检查【Alt】键的状态。当【Alt】键按下时，值为 true，否则为 false
button	检查按下的鼠标键。可能的取值如下：0，没按键；1，按左键；2，按右键；3，按左右键；4，按中间键；5，按左键和中间键；6，按右键和中间键；7，按所有的键 这个属性仅用于 onmousedown、onmouseup 和 onmousemove 事件。对其他事件，不管鼠标状态如何，都返回 0
cancelBubble	检测是否接受上层元素的事件的控制。等于 true 表示不被上层元素的事件控制。等于 false(默认值) 表示允许被上层元素的事件控制
clientX	返回鼠标在窗口客户区域中的 X 坐标

续表

属　　性	具　体　描　述
clientY	返回鼠标在窗口客户区域中的 Y 坐标
ctrlKey	用于检查【Ctrl】键的状态。当【Ctrl】键按下时，值为 true，否则为 false
fromElement	检测 onmouseover 和 onmouseout 事件发生时，鼠标所离开的元素
keyCode	检测键盘事件相对应的内码。这个属性用于 onkeydown、onkeyup 和 onkeypress 事件
offsetX	检查相对于触发事件的对象，鼠标位置的水平坐标（即水平偏移）
offsetY	检查相对于触发事件的对象，鼠标位置的垂直坐标（即垂直偏移）

4.6 实训项目

项目一

① 项目要求：用 JS 程序设置网页背景。

② 项目说明：要使用 JavaScript 在网页运行过程中交互式地改变文档背景颜色，单击背景，就会换一种颜色。

③ 运行结果如图 4-15 所示。

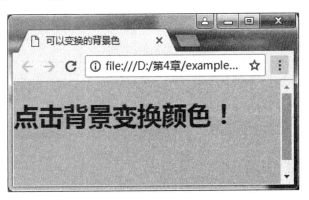

图 4-15　项目一运行结果

项目二

① 项目要求：输出乘法口诀表。

② 项目说明：制作一个乘法口诀表。乘法口诀表是一个二维图形，需要使用双重循环去实现。我们可以用表格去做，并且实现奇数偶数行用不同的背景颜色，使效果更清晰。

③ 运行结果如图 4-16 所示。

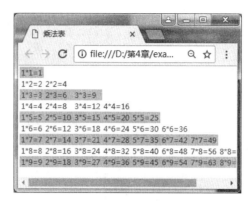

图 4-16　项目二运行结果

项目视频
4-3

项目三

① 项目要求：在表单中输入用户名和密码（用户名为 admin，密码为 123456），判断用户名、密码是否正确，如果不正确给出相应提示，正确则显示日期。

② 项目说明：本实训项目设计一个简单的输入用户名和密码的表单，在 JavaScript 代码中首先获取用户输入的内容，然后使用 if 语句嵌套的方式对用户输入的内容进行判断，并给出不同情况的不同反馈，反馈信息的显示方式使用 alert 提示框即可。

③ 运行结果如图 4-17 所示。

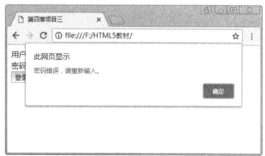

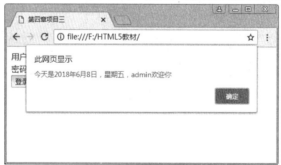

图 4-17　项目三运行结果

项目视频
4-4

项目四

① 项目要求：在网页中使用表单设计一个简单计算器。

② 项目说明：本实训项目使用表单进行数据输入框和符号选项的设计，"="使用按

钮进行设计，在 JavaScript 代码中先获取用户输入的数据，之后根据所选择的不同符号所对应的不同 value 值进行不同的计算，需要注意的是，计算除法时要判断除数是否为零，如果不为零则正常显示结果，如果为零则提示"除数不能为零"。

③ 运行结果如图 4-18 所示。

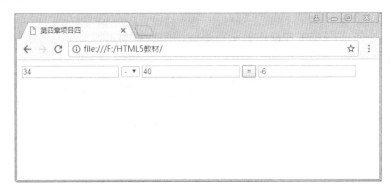

图 4-18   项目四运行结果

项目五

① 项目要求：设计秒杀时间显示页面，在页面上显示秒杀剩余时间，当秒杀结束时显示"秒杀结束"。

② 项目说明：本实训项目在页面中定义底层 DIV 添加背景图片，和三个时间显示 DIV，需要对其进行 CSS 样式设计，控制文字的字体、字号、颜色和位置。JavaScript 部分使用 Date 内部类定义秒杀结束时间和当前系统时间，计算出二者之间的时间差。通过秒数计算差的小时数、分钟数和秒数。使用 setInterval 方法实现每隔一秒重新计算时间，并将时间显示在页面相应位置。特别指出当秒杀时间已到，即时间差为零时给出"秒杀已结束"的提示信息。

③ 运行结果如图 4-19 所示。

项目视频
4-5

图 4-19   项目五运行结果

项目六

① 项目要求：设计菜单显示页面，点击类别名称实现该类别下具体内容的展开和关闭。

② 项目说明：本实训项目使用表格设计每种商品类别的名称和表格下商品的小类名称，初始状态将小类名称表格 CSS 样式的 display 属性赋值为 none，即不显示。当单击类别名称时，修改小类表格 display 属性为 block 即可实现显示，再次单击时将 display 属性再赋值为 none，可实现小类表格的显示与隐藏切换，从而实现菜单的显示与隐藏。

③ 运行结果如图 4-20 所示。

图 4-20　项目六运行结果

项目七

① 项目要求：在页面中实现图片切换效果，每隔 2 秒自动切换，鼠标指针放在图片对应小图标上时停止切换，鼠标指针移开则继续切换图片。

② 项目说明：本实训项目设计时可将三张图片都添加到页面中，将后两张图片的 display 属性设为 none，使其不显示。使用 setInterval 方法实现 display 属性的修改（使用 for 语句分别给每个图片赋值）。无序列表不添加项目符号，并实现浮动，使其横排排列，在修改图片 display 属性的同时，对 li 进行背景颜色的修改。本项目实现的方法很多，读者可自行设计。

③ 运行结果如图 4-21 所示。

图 4-21　项目七运行结果

练 习 题

1．单选题

（1）在 HTML 文件中使用 JavaScript 脚本时，JavaScript 代码需要出现在（　　）之间。

　　A．<javascript> 和 </ javascript >

　　B．<Jscript> 和 </Jscript>

　　C．<script language="javascript"> 和 </script >

　　D．<js> 和 </js>

（2）下面（　　）是 JavaScript 支持的注释字符。

　　A．//　　　　　　　B．;　　　　　　　C．--　　　　　　　D．&&

（3）在 JavaScript 中，运行 Math.ceil(25.5); 的结果是（　　）。

　　A．24　　　　　　　B．25　　　　　　　C．25.5　　　　　　D．26

（4）在 JavaScript 中，（　　）方法可以对数组元素进行排序。

　　A．add( )　　　　　B．join( )　　　　　C．sort( )　　　　　D．length( )

（5）分析下面的 JavaScript 代码段，输出的结果是（　　）。

```
emp=new Array(5);
emp[1]=1;
emp[2]=2;
document.write(emp.length);
```

　　A．2　　　　　　　　B．3　　　　　　　C．4　　　　　　　　D．5

（6）以下不属于 JavaScript 中提供的常用数据类型的是（　　）。

　　A．Undefined　　　B．Null　　　　　C．Number　　　　D．Connection

（7）假设今天是 2006 年 4 月 1 日星期六，请问以下 JavaScript 代码输出结果是（　　）。

```
var time=new Date( );
document.write(time.getMonth( ));
```

　　A．3　　　　　　　　B．4　　　　　　　C．5　　　　　　　　D．4 月

2．填空题

（1）JavaScript 简称 _____ ，是一种可以嵌入 HTML 页面中的脚本语言。

（2）在 JavaScript 中，可以使用 _____ 对象创建数组。

（3）所有 JavaScript 内置类都是从基类 _____ 派生。

（4）JavaScript 中，使用 _____ 语句可以返回函数值并退出函数。

（5）JavaScript 中，可以使用 _____ 关键字来创建自定义函数。

（6）JavaScript 中，在循环体中使用 _____ 语句可以跳出循环体。

（7）JavaScript 中，在循环体中使用 _____ 语句可以跳出本次循环后面的代码，重新开始下一次循环。

（8）JavaScript 的恒等运算符为 _____，用于衡量两个运算数的值是否相等，而且它们的数据类型也相同。

3. 简答题

描述 JavaScript 包含的 5 种原始数据类型。

提 高 篇

本篇带领读者认识并使用 HTML5 设计页面的新技术,包括 HTML5 拖放、文件处理、音频和视频、绘图功能。这些技术的设计和使用是基于之前所学的 HTML 语法以及 JavaScript,因此通过学习本篇内容,读者可以综合运用所学内容设计功能新颖、更加灵活的页面。

第5章

HTML5 拖放

学习目标

- 了解 HTML5 拖放的概念。
- 掌握 HTML5 拖放实现的方法。
- 了解 HTML5 中 dataTransfer 对象的使用方法。

5.1 概述

拖放是一种常见的操作，也就是用鼠标抓取一个对象，将其拖放到另一个位置。例如，在 Windows 中，可以将一个对象拖放到回收站中或者通过拖放实现文件的剪切复制等操作。过去，在 Web 应用程序中实现拖放的应用并不多。在 HTML5 中，拖放已经是标准的一部分，任何元素都能够拖放。通过拖放网页中的元素实现元素的下载、链接的打开等操作。应用拖放特性实现的网页将更新颖、更方便，本章介绍 HTML5 拖放的操作方法。

5.1.1 什么是拖放

拖放可以分为两个动作，即拖曳(drag)和放开(drop)。拖曳就是移动鼠标到指定对象，按下左键，然后拖动对象；放开就是放开鼠标左键，放下对象。当开始拖曳时，可以提供如下信息。

① 被拖曳的数据。这可以是多种不同格式的数据，例如，包含字符串数据的文本对象。

② 在拖曳过程中显示在鼠标指针旁边的反馈图像。用户可以自定义此图像，但大多数时候只能使用默认图像。默认图像将基于按下鼠标时鼠标指针指向的元素。

③ 运行的拖曳效果。可以是以下 3 种拖曳效果。

● copy：指被拖曳的数据将从当前位置复制到放开的位置。

● move：指被拖曳的数据将从当前位置移动到放开的位置。

● link：指在源位置和放开位置之间将建立某种关系或连接。

在拖曳操作的过程中，也可以修改拖曳效果，以表明在某个特定的位置允许某种拖曳效果。

5.1.2　设置元素为可拖放

首先要定义使网页中的元素可以被拖放，可以通过将元素的 draggable 属性设置为 true 实现此功能。

【例 5-1】 在网页中定义一个可拖放的图片，代码如下：

```
<!doctype html>
<html>
    <head>
        <title> 例题 5-1</title>
        <meta charset="utf-8">
    </head>
    <body>
        <img src="images/1.png" draggable="true">
    </body>
</html>
```

【例 5-1】的运行结果如图 5-1 所示。

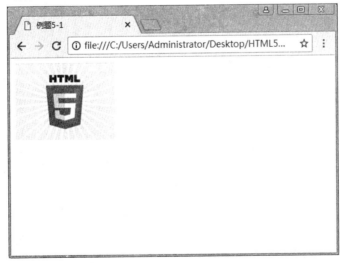

图 5-1　【例 5-1】运行结果

浏览此网页，确认可以使用鼠标拖曳网页中的图片。

5.1.3 拖放事件

当拖放一个元素时，会触发一系列事件。对这些事件进行处理就可以实现各种拖放效果。拖放事件如表 5-1 所示。

表 5-1 拖 放 事 件

属性	说　　　　明	作用对象
dragstart	开始拖动对象时触发	被拖动对象
dragenter	当对象第一次被拖动到目标对象上时触发，同时表示该目标对象允许执行"放"的动作	被拖动对象
dragover	当对象拖动到目标对象时触发	目标对象
dragleave	在拖动过程中，当被拖动对象离开目标对象时触发	当前目标对象
drag	每当对象被拖动时就会触发	当前目标对象
drop	每当对象被放开时就会触发	被拖动对象
dragend	在拖放过程，松开鼠标时触发	当前目标对象

当拖放一个元素时，拖放事件被触发的顺序为 dragstart → dragenter → dragover → drop → dragend。

在定义元素时，可以指定拖放事件的处理函数。例如，在网页中定义一个可拖放的图片，并指定其 dragstart 事件的处理函数为 drag(event)。修改【例 5-1】当在网页中拖动对象开始时，网页会弹出一个提示框，代码如下：

```html
<!doctype html>
<html>
    <head>
        <title> 例题 5-1</title>
        <meta charset="utf-8">
        <script type="text/javascript">
        function mydrag(ev)
        {
            alert(" 拖放动作开始！ ");
        }
        </script>
    </head>
    <body>
        <img src="images/1.png" draggable="true" ondragstart="mydrag(event)">
    </body>
</html>
```

【例 5-1】修改后的运行结果如图 5-2 所示。

图 5-2　【例 5-1】修改后运行结果

　　每个拖放事件的处理函数都有一个 Event 对象作为参数。Event 对象代表事件的状态，比如发生事件中的元素、键盘按键的状态、鼠标的位置、鼠标按钮的状态。

　　仅仅将网页中的元素设置为可拖放是不够的，在实际应用中还需要实现拖曳数据的传递，可以使用 dataTransfer 对象来实现此功能。dataTransfer 对象是 Event 对象的一个属性。

dataTransfer 对象

5.2.1　dataTransfer 对象的属性

dataTransfer 对象包含 dropEffect 和 effectAllowed 两个属性。

1. dropEffect 属性

dropEffect 属性用于获取和设置拖放操作的类型以及光标的类型（形状）。dropEffect 属性的可能取值如表 5-2 所示。

表 5-2　dropEffect 属性

属　性	说　明	属　性	说　明
copy	显示 copy 光标	move	显示 move 光标
link	显示 link 光标	none	默认值，即没有指定光标

2. effectAllowed 属性

effectAllowed 属性用于获取和设置对被拖放的源对象允许执行何种数据传输操作。effectAllowed 属性的可能取值如表 5-3 所示。

表 5-3　effectAllowed 属性

属　　性	说　　　　　　明
copy	允许执行复制操作
link	将源对象链接到目的地
move	将源对象移动到目的地
copyLink	可以是 copy 或 link，取决于目标对象的缺省值
copyMove	可以是 copy 或 move，取决于目标对象的缺省值
linkMove	可以是 link 或 move，取决于目标对象的缺省值
all	允许所有数据传输操作
none	没有数据传输操作，即放开（drop）是不执行任何操作
uninitialized	默认值，表明没有为 effectAllowed 属性设置值，执行缺省的拖放操作

5.2.2　dataTransfer 对象的方法

dataTransfer 对象包含 getData()、setData() 和 clearData()3 个方法。

1. getData() 方法

getData() 方法用于从 data Transfer 对象中以指定的格式获取数据，语法如下：

```
sretrievedata=object.getdata(sdataformat)
```

参数 sdataformat 是指定数据格式的字符串，可以是下面的值。

- Text: 以文本格式获取数据。
- URL：以 URL 格式获取数据。

getData() 方法的返回值是从 dataTransfer 对象中获取的数据。

2. setData() 方法

setData() 方法用于以指定的格式设置 dataTransfer 对象中的数据，语法如下：

```
bsuccess=object.setdata(sdataformat, sdata)
```

参数 sdataformat 是指定数据格式的字符串，可以是下面的值。

- Text：以文本格式保存数据。
- URL：以 URL 格式保存数据。

参数 sdata 是指定要设置的数据的字符串。如果设置数据成功，则 setData() 方法返回 True, 否则返回 False。

3. ClearData() 方法

ClearData 方法用于从 dataTransfer 对象中删除数据，语法如下：

```
pret=object.cleardata([sdataformat])
```

参数 sdataformat 是指定要删除的数据格式的字符串，可以是下面的值。

- Text：删除文本格式数据。
- URL：删除 URL 格式数据。
- File：删除文件格式数据。
- HTML：删除 HTML 格式数据。
- Image：删除图像格式数据。

如果不指定参数 sdataformat，则清空 dataTransfer 对象中的所有数据。

【例 5-2】　在网页实现将图片拖动到上面的框中，代码如下：

```
<!doctype html>
<html>
    <head>
        <title> 例题 5-2</title>
        <meta charset="utf-8">
        <style>
            div{width:200px;height:200px;
                border:1px solid #999;margin:10px;padding:10px;
                text-align:center;}
        </style>
        <script type="text/javascript">
        function mydragover(ev)
        {
            ev.preventDefault();
        }
        function mydrag(ev)
        {
            ev.dataTransfer.setData("Text",ev.target.id);
        }
        function mydrop(ev)
        {
            ev.preventDefault();
            var d=ev.dataTransfer.getData("Text");
            ev.target.appendChild(document.getElementById(d));
        }
    </script>
    </head>
    <body>
```

```
        <p>请将图片拖动到图片框中: </p>
        <div id="d1" ondragover="mydragover(event)" ondrop="mydrop(event)"></div>
        <img src="images/1.png" draggable="true" ondragstart="mydrag(event)"
id="img1">
    </body>
</html>
```

【例 5-2】的运行结果如图 5-3 和图 5-4 所示。

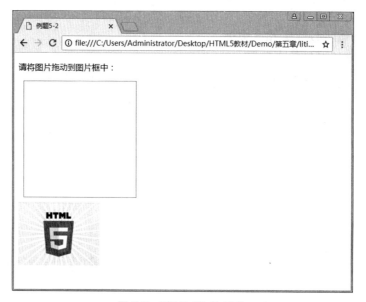

图 5-3　【例 5-2】拖动前

图 5-4　【例 5-2】拖动后

5.3 实训项目

项目一

① 项目要求：在两个框中来回拖动图片。

② 项目说明：本实训项目与教材中的例题类似，定义两个 DIV 并设计 CSS 样式，通过图片和 DIV 拖放事件的设计实现图片的显示和删除。

③ 运行结果如图 5-5 和图 5-6 所示。

项目视频
5-1

图 5-5　项目一拖动前

图 5-6　项目一拖动后

项目二

① 项目要求：将网页飞机图片拖动到垃圾箱中。当飞机被拖动到垃圾箱上时，垃圾箱变深，放开鼠标，该飞机被删除。

② 项目说明：本实训项目实现飞机图片的拖动，需要注意垃圾桶在不同状态下透明度的修改。

③ 运行结果如图 5-7 和图 5-8 所示。

图 5-7　项目二运行前

图 5-8　项目二运行后

练 习 题

1. 单选题

（1）每当对象被拖动时就会触发（   ）事件。

    A．dragstart   B．dragenter   C．dragleave   D．drag

（2）拖放的运行效果中，以下（   ）可以实现被拖放的数据从当前位置移动到放开位置。

    A．copy   B．move   C．link   D．cut

2．填空题

（1）拖放可以分为两个动作，即 _____ 和 _____ 。

（2）每当对象被放开时就会触发 _____ 事件。

（3）在拖放过程中，松开鼠标会触发 _____ 事件。

（4）每个拖放事件的处理函数都有一个 _____ 对象作为参数。

3. 简答题

试列举当开始拖曳时，可以提供哪些信息？

第 6 章

HTML5 文件处理

📖 学习目标

- 了解 HTML5 文件上传的基本概念。
- 掌握 HTML5 文件处理的方法。
- 了解 HTML5 文件处理接口。

在 HTML5 之前，要想读某个文件，就需要将文件上传到服务器，然后服务器读取并解析这个文件，并将解析结果返回客户端；写一个文件，只能是服务器动态生成一个文件，并下载，这都需要通过服务器处理。HTML5 提供了一套文件处理的 API，解决了之前的问题。本节介绍 HTML5 的文件处理功能，为在 HTML5 中实现更灵活的文件上传奠定基础。

文件处理常用的方法有两种：表单和拖放。本章将就以上两种形式分别进行介绍。

6.1 文件上传页面

6.1.1 选择文件的表单

表单除了可以用于传送用户输入的数据，还可以用于上传文件。在 2.2 节中已经介绍过了，使用 file 类型的 input 元素可以选择文件。

【例 6-1】 定义一个表单 form1，其中包含一个用于选择文件的控件，代码如下：

```
<!doctype html>
<html>
```

```
    <head>
        <title> 例题 6-1</title>
        <meta charset="utf-8">
    </head>
    <body>
        <form id="form1" action="#" method="post">
            <input type="file" id="Files" name="files[]" multiple>
        </form>
    </body>
</html>
```

【例 6-1】的运行结果如图 6-1 和图 6-2 所示。

图 6-1　【例 6-1】选择文件前结果

图 6-2　【例 6-1】选择文件后结果

　　multiple 属性用于定义可以选择多个文件。以上表单在运行时显示文件上传按钮，单击按钮可以选择一个或多个文件。后续需要使用 JS 或其他网页程序设计语言实现文件的预览或上传。

6.1.2　拖放实现文件上传

第 5 章介绍的 HTML5 拖放也可以实现文件的上传。被拖放的文件对象保存在 event. dataTransger.files 中，可以同时拖动多个文件。

【例 6-2】　在页面中定义一个 DIV，用于接收被拖动的文件，代码如下：

```
<!doctype html>
<html>
    <head>
        <title>例题 6-2</title>
        <meta charset="utf-8">
        <style type="text/css">
        #dropArea{
            width:150px;height:20px;
            padding:10px;border:3px solid #ff0000;
            background-color: #EEEEEE;}
        #dropArea.hover{
            background-color: yellow;}
        </style>
        <script type="text/javascript">
        function allowDrop(ev)
        {
            ev.preventDefault();
            document.getElementById('dropArea').className='hover';
        }
        function drop(ev)
        {
            ev.preventDefault();
            document.getElementById('dropArea').className="";
            document.getElementById('fileinfo').innerHTML=" 共选择了 "+ev.
            dataTransfer.files.length.toString() + " 个文件 ";
            for(var  i=0;i< ev.dataTransfer.files.length;i++)
            {
                document.getElementById('fileinfo').innerHTML += "<br> 文件名 :"+
                ev.dataTransfer.files[i].name + "; 文件大小 :"+ev.dataTransfer.
                files[i].size + " 字节 ";
            }
        }
        </script>
    </head>
    <body>
        <div id="dropArea" ondrop="drop(event)" ondragover="allowDrop
(event)">
```

```
        请把文件拖放到这 </div>
      <br />
      <div id="fileinfo" ></div>
   </body>
</html>
```

【例 6-2】的运行结果如图 6-3 和图 6-4 所示。

图 6-3　【例 6-2】拖放文件前结果

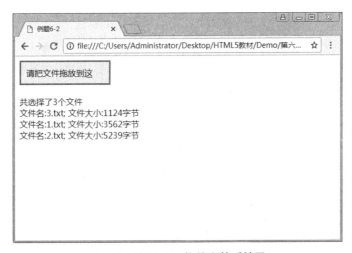

图 6-4　【例 6-2】拖放文件后结果

　　程序首先组织时间的默认动作，将 DIV 元素 dropArea 的 classname 设置为空，然后从 event.dataTransfer.files 中获取拖动的文件信息。event.dataTransfer.files 就是 FilesList 接口（选择的文件数组），元素就是一个 File 接口，表示一个文件。最后将文件信息显示在 DIV 元素 fileinto 中。

6.2 文件处理接口

6.2.1 检测浏览器是否支持 HTML5 File API

HTML5 提供了一组 File API，用于对文件进行操作，使程序员可以对选择文件的表单控件进行编程，更好地通过程序对访问文件和文件上传等功能进行控制。在 HTML5 File API 中定义了一组接口，包括 FileList 接口、File 接口、Blob 接口、FileReader 接口等。这些接口的具体情况将在稍后介绍。检测浏览器是否支持 HTML5 File API 实际上就是检测浏览器对这些接口的支持情况。使用 window.FileList 属性可以判断浏览器是否支持 FileList 接口；使用 window.File 属性可以判断浏览器是否支持 File 接口；使用 window.Blob 属性可以判断浏览器是否支持 Blob 接口；使用 window.FileReader 属性可以判断浏览器是否支持 FileReader 接口。

如果以上属性都为 True，则说明浏览器对 HTML5 File API 完全支持，否则说明不支持。

【例 6-3】 在网页中定义一个按钮，单击此按钮时，会检测浏览器是否支持 HTML5 File API。定义按钮的代码如下：

```html
<!doctype html>
<html>
    <head>
        <title> 例题 6-3</title>
        <meta charset="utf-8">
        <script type="text/javascript">
        function check(){
            if(window.File && window.FileReader && window.FileList && window.
            Blob){
                alert("您的浏览器完全支持HTML5 File API。");
            }else{
                alert("您的浏览器不支持HTML5 File API。");
            }
        }
        </script>
    </head>
    <body>
        <button id="check" onclick="check();"> 检测浏览器是否支持HTML5 File API
        </button>
    </body>
</html>
```

【例 6-3】 的运行结果如图 6-5 和图 6-6 所示。

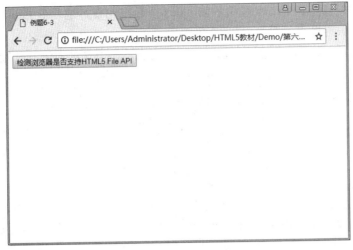

图 6-5　【例 6-3】检测前结果

图 6-6　【例 6-3】检测后结果

经测试，在主流浏览器中，除 Internet Explorer 9 外，Chrome、Firefox 和 Opera 等都完全支持 HTML5 File API。

6.2.2　FileList 接口

FileList 接口是 File API 的重要成员，它代表由本地系统里选中的单个文件组成的数组，用于获取 File 类型的 input 元素所选择的文件。FileList 接口的定义代码如下：

```
interface FileList {
    getter File item(unsigned long index);
    readonly attribute unsigned long length;
};
```

FileList 接口的成员说明如下：

- item 方法：返回 FileList 数组的第 index 个数组元素，是一个 File 对象。
- length：数组元素的数量。

FileList 接口的数组元素是一个 File 接口，它表示一个文件对象，其定义代码如下：

```
interface File: Blob {
    readonly attribute DOMString name;
    readonly attribute Date lastModifiedDate;
};
```

File 接口定义了下面 2 个属性：

- name：返回文件名，不包含路径信息。
- lastModifiedDate：返回文件的最后修改日期。

File 接口继承自 Blob 接口，Blob 接口表示不变的裸数据，其定义代码如下：

```
interface Blob {
    readonly attribute unsigned long long size;
    readonly attribute DOMString type;
        Blob slice(optional long long start,
        optional long long end,
        optional DOMString contentType);
    void close();
};
```

Blob 接口定义了下面 2 个属性：

- size：返回 Blob 对象的大小，单位是字节。
- type：返回 Blob 对象媒体类型的字符串。

Blob 接口定义了下面 2 个方法：

- slice：返回从 start 开始到 end 结束的 contentType 类型数据的新的 Blob 对象。
- close：关闭 Blob 对象。

在 JavaScript 中，可以使用下面的方法获取 File 类型的 input 元素的 FileList 数组。

```
document.forms['表单名']['File 类型的 input 元素名'].files
```

获取 FileList 数组中的 File 对象的方法如下：

```
document.forms['表单名']['File 类型的 input 元素名'].files[index]
```

或者：

```
document.forms['表单名']['File 类型的 input 元素名'].files.item(index)
```

【例 6-4】 演示 FileList 接口和 File 接口的使用，显示选择文件的名称和大小。选择文件的 input 元素的定义代码如下：

```
<!doctype html>
<html>
```

```
<head>
    <title> 例题 6-4</title>
    <meta charset="utf-8">
</head>
<body>
    <input type="file" id="Files" name="files[]" multiple />
    <div id="Lists"> 未选择文件 </div>
    <script type="text/javascript">
        function fileSelect(e) {
            e=e || window.event;
            var files=e.target.files;   //FileList 对象
            var output=[];
            for(var i=0, f; f=files[i]; i++) {
                output.push('<li><strong>' + f.name + '</strong>(' + f.type
                + ') - ' + f.size +' bytes</li>');
            }
        document.getElementById('Lists').innerHTML='<ul>' + output.
        join('') + '</ul>';
        }

        if(window.File && window.FileList && window.FileReader && window.Blob) {
            document.getElementById('Files').addEventListener('change',
            fileSelect, false);
        } else {
            document.write(' 您的浏览器不支持 File Api');
        }
    </script>
</body>
</html>
```

【例 6-4】的运行结果如图 6-7 和图 6-8 所示。

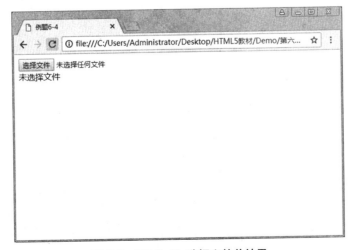

图 6-7　【例 6-4】选择文件前结果

171

图 6-8 【例 6-4】选择文件后结果

程序选择文件的 input 元素 File 定义 change 事件的处理函数。当用户选择文件后，会触发 change 事件，处理函数为 fileSelect()。从 input 元素获取 FileList 对象，然后依次处理其中的 File 对象，显示 File 对象的名字、类型和大小。

6.2.3 FileReader 接口

FileReader 接口用于将 File 对象或 Blob 对象中的数据读取到内存中。

1. 属性

FileReader 接口的属性如表 6-1 所示。

表 6-1 FileReader 接口的属性

属 性	属 性 描 述
readyState	返回当前的状态，可以是下面的值： EMPTY(0)，FileReader 对象已经构建，没有挂起的读操作，即没有调用与读有关的方法； LOADING(1)，正在执行读操作，读的过程中没有发生错误； DONE(2)，整个文件已经被读到内存中，或者读文件过程中发生错误，或者读操作被终止
result	读取的文件或 Blob 对象的数据
error	DOMError 对象，包含错误信息

2. 方法

FileReader 接口的方法如表 6-2 所示。

表 6-2 FileReader 接口的方法

方 法	方 法 描 述
readAsArrayBuffer(blob)	异步地将 blob 数据读取到 ArrayBuffer 对象中
readAsText(blob, encoding)	以指定的编码格式读取 blob 数据，读取的 result 属性是一个字符串
readAsDataURL(blob)	将 blob 数据读取为编码过的数据 URL（即在 URL 中包含数据）
abort()	终止读取数据

FileReader 接口定义了上面 3 个读取文件的方法。它们的执行步骤相似，只是读取数据的格式不同。下面以 readAsArrayBuffer(blob) 方法为例说明。当调用 readAsArray-Buffe(blob) 方法时，会按下面的步骤执行：

① 如果 readyState 等于 LOADING（即正在执行读操作），则会抛出 InvalidStateError 异常，并终止操作。

② 如果 blob 被关闭，也会抛出 InvalidStateError 异常，并终止操作。

③ 如果在读取数据时出现错误，则会将 readyState 属性设置为 DONE，并将 result 属性设置为 null。

④ 如果读取数据时没有出现错误，则会将 readyState 属性设置为 LOADING。

⑤ 触发一个 loadstart 事件。关于 FileReader 接口的事件将在稍后介绍。

⑥ 返回 readAsArrayBuffer( ) 方法，并继续执行下面的步骤。

⑦ 每 50 ms 或每读取 1 字节，就触发一个 progress 事件。

⑧ 在读取 blob 数据的过程中，客户端会将数据填充到一个 ArrayBuffer 对象中，并更新 result 属性。读取完成后，停止触发 progress 事件。

⑨ 当 blob 数据被全部读取到内存中时，会将 readyState 属性设置为 DONE。

⑩ 终止 readAsArrayBuffer(blob) 方法。

当调用 abort( ) 方法时，会按下面的步骤执行：

① 如果 readyState 等于 EMPTY 或 NONE，则会将 result 属性设置为 null，并终止操作。

② 如果 readyState 等于 LOADING，则会将其设置为 NONE，并将 result 属性设置为 null。

③ 如果读取数据的任务队列里还有任务，则将其结束并移除。

④ 终止读取操作。

⑤ 触发一个 abort 事件。

⑥ 触发一个 loadend 事件。

FileReader 接口的 3 种读取文件方法中都有一个 blob 参数，它可以引用一个 File 对象、FileList 对象或 Blob 对象。

3. 事件

FileReader 接口的事件如表 6-3 所示。

表 6-3 FileReader 接口的事件

属　性	应对事件的处理属性	时　间　描　述
loadstart	onloadstart	开始读数据时触发
progress	onprogress	当读取、编码 blob 数据时触发。每 50ms 或每读取 1 个字节，就触发一次
abort	onabort	当调用 abort() 方法终止读取数据时触发
error	onerror	当读取数据出现错误时触发
load	onload	当读取数据成功完成时触发
loadend	onloadend	当读取数据完成时触发（无论成功或失败）

【例 6-5】 使用 FileReader 接口的 readAsText() 方法读取并显示选择的文本文件的内

容。代码如下：

```html
<!doctype html>
<html>
    <head>
        <title> 例题 6-5</title>
        <meta charset="utf-8">
    </head>
    <body>
        <input type="file" id="file"/>
        <div name="result" id="result"></div>
        <script>
        function fileSelect(e) {
            e=e||window.event;
            var files=e.target.files;
            var f=files[0];
            var reader=new FileReader();
            reader.readAsText(f);
            reader.onload=function (f) {
            document.getElementById('result').innerHTML=this.result; }
        }

        if(window.File && window.FileList && window.FileReader && window.Blob) {
            document.getElementById('file').addEventListener('change',
            fileSelect, false);
        } else {
            document.write(' 您的浏览器不支持File Api');
        }
        </script>
    </body>
</html>
```

【例 6-5】的运行结果如图 6-9 和图 6-10 所示。

图 6-9 【例 6-5】选择文件前结果

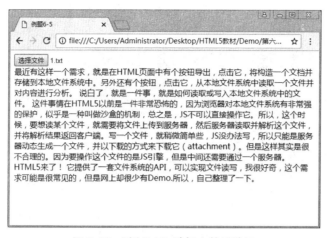

图 6-10　【例 6-5】选择文件后结果

6.3 实训项目

项目一

① 项目要求：使用表单实现图片上传，并在页面中实现图片的预览。

② 项目说明：本实训项目使用表单的 input 标签进行文件上传和预览，使用 FileReader 对象进行文件读取。

③ 运行结果如图 6-11 和图 6-12 所示。

项目视频
6-1

图 6-11　项目一选择文件前

图 6-12 项目一选择文件后

项目视频
6-2

项目二

① 项目要求：在页面中选择文件并将文档内容显示在页面中。

② 项目说明：本实训项目与项目一类似，只是读取方式设计为文本即可。

③ 运行结果如图 6-13 和图 6-14 所示。

图 6-13 项目二选择文件前

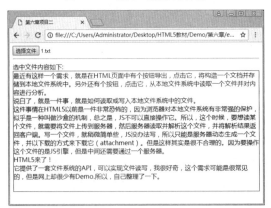

图 6-14 项目二选择文件后

项目三

① 项目要求：实现将图片拖动到页面指定区域中效果。

② 项目说明：本实训项目使用拖放的方式实现文件预览，使用拖放相关事件配合文件读取对象的使用。

③ 运行结果如图 6-15 和图 6-16 所示。

图 6-15　项目三拖动前

图 6-16　项目三拖动后

项目四

① 项目要求：拖动图片到页面指定区域，并将所拖动的图片显示在区域下方。

② 项目说明：本实训项目与项目三类似，使用循环对用户选择的多个文件进行读取，并将其显示在页面设计的位置即可。

③ 运行结果如图 6-17 和图 6-18 所示。

图 6-17　项目四拖动前

图 6-18　项目四拖动后

练 习 题

1. 单选题

（1）dataTransfer 对象的（　　）方法可以用于从 dataTransfer 对象中以指定的格式获取数据。

    A．getData()　　　　　B．getItem()　　　　C．getText()　　　　D．Get()

（2）dataTransfer 对象的（　　）方法用户从 dataTransfer 对象中删除数据格式。

    A．Delete()　　　　　B．Remove()　　　　C．ClearData()　　　D．Drop()

（3）在 FileReader 接口的事件中，当读取、编码 blob 数据时触发的是（　　）。

  A．loadstart   B．progress   C．load   D．loadend

2．多选题

（1）dataTransfer 对象的常用方法有（　　）。

  A．getData()   B．getItem()   C．getText()   D．setData()

  E．setText()

（2）以下（　　）是 dataTransfer 对象的属性。

  A．getData   B．setData   C．dropEffect D．effectAllowed

  E．clearData

3．填空题

（1）在 HTML5 File API 中定义了一组接口，包括 _____ 、_____ 、_____ 、_____ 等。

（2）使用表单进行文件选择，input 元素的类型需使用 _____ 。

（3）FileReader 接口中，表示读取的文件或 Blob 对象数据的属性 _____ 。

4．简答题

试列举 dataTransfer 对象的 dropEffect 属性的可能的取值。

第7章

HTML5 音频和视频

学习目标

- 了解页面中音频和视频的添加方法。
- 掌握 HTML5 音频的使用。
- 了解 HTML5 视频的使用。

在 HTML5 诞生之前，要在网页中播放多媒体，需要借助于 flash 插件。浏览器需要安装 flash 插件才能播放多媒体。使用 HTML5 提供的新标签 <audio> 和 <video> 可以很方便地在网页中播放音频和视频。

7.1 HTML5 音频

HTML5 提供了在网页中播放音频的标准，支持 <audio> 标签的浏览器可以不依赖其他插件播放音频。下面介绍在 HTML5 中播放音频的具体方法。

7.1.1 audio 标签

在 HTML5 中，可以使用 <audio> 标签定义一个音频播放器，语法如下：

```
<audio src="音频文件">...</audio>
```

src 属性用于指定音频文件的 url。<audio> 标签支持的音频文件类型包括 .wav、.mp3 和 .ogg 等。<audio> 和 </audio> 之间的字符串指定当浏览器不支持 <audio> 标签时显示的字符串。

【例 7-1】 一个简单的音乐播放网站，代码如下：

首页代码：

```
<html>
<head>
    <meta charset="utf-8"/>
    <title>使用 audio 标签播放音频 </title>
    <style type="text/css">
        body{background:url(blue.jpg)}
        a{color:red}
        ul{
        font:30px 仿宋；
        list-style-image:url(heart.jpg)}
    </style>
</head>
<body>
    <h1>歌曲列表: </h1>
    <ul>
        <li><a href="music\a1.html">Hello!</a></li>
        <li><a href="music\a2.html"> 素颜 </a></li>
        <li><a href="music\a3.html"> 庐州月 </a></li>
    </ul>
</body>
</html>
```

运行结果如图 7-1 所示。

图 7-1　【例 7-1】首页运行结果

子网页代码如下。

```
<html>
<head>
```

```
<meta charset="utf-8"/>
<title>music1</title>
<style type="text/css">
    a{
        color:red;
        font-family: 楷体 ;
        font-style:italic;
        font-size:20px;
        text-decoration:none;
    }
</style>
</head>
<body>
    <audio src="a1.mp3" controls>
        您的浏览器不支持 audio 标签。
    </audio>
    <br><br>
    <a href="../liti7-1.html">返回歌单 </a>
</body>
</html>
```

运行结果图 7-2 所示。

图 7-2 【例 7-1】子网页运行结果

其他子网页代码和运行结果省略。

controls 属性指定在网页中显示控件，比如播放按钮等。在 Google Chrome 中浏览 【例 7-1】所述的网页，可以看到，音频播放器中包括播放/暂停按钮、进度条、进度滑块、播放秒数、音量/静音控件。

注意：不同浏览器的音频播放器控件的外观也不尽相同。

除了前面用到的 src 和 controls 属性，<audio> 标签还包括如表 7-1 所示的主要属性。

表 7-1 <audio> 标签的主要属性

属　　性	具　体　描　述
autoplay	如果是 true，则音频在就绪后马上播放
end	定义播放器在音频流中的何处停止播放。默认会播放到结尾
loop	如果是 true，则音频会循环播放
loopend	定义在音频流中循环播放停止的位置，默认为 end 属性的值
loopstart	定义在音频流中循环播放的开始位置。默认为 start 属性的值
playcount	定义音频片断播放多少次。默认为 1
start	定义播放器在音频流中开始播放的位置。默认从开头播放

7.1.2　播放背景音乐

给自己的网页增加一段悠扬的背景音乐，这是很多网页设计者的希望。使用前面介绍的 HTML5 的 <audio> 标签可以很轻松地实现此功能。

播放背景音乐时通常不需要显示播放控件，因此在定义 <audio> 标签时可以将 controls 属性设置为 false（或不使用 controls 属性）。播放背景音乐时需要自动循环播放，因此在定义 <audio> 标签时可以将 autoplay 属性和 loop 属性设置为 true。

【例 7-2】　在 HTML 文件中定义一个 <audio> 标签，用于播放背景音乐 a2.mp3，代码如下：

```
<html>
<head>
    <title>使用 audio 标签播放背景音乐 </title>
</head>
<body>
    <audio src="music\a2.mp3" autoplay loop>
        您的浏览器不支持 audio 标签。
    </audio>
</body>
</html>
```

某些浏览器支持 <audio> 标签，但是不支持 autoplay 属性，使用时需注意。

7.1.3　设置替换音频源

前面已经介绍了 <audio> 标签支持 .wav、.mp3 和 .ogg 等多种类型的音频文件，但是并不是所有浏览器都支持每种类型的音频文件。如果只指定一种类型的音频文件，则很可能在使用某些浏览器时不能正常播放。

在 <audio> 标签中，可以使用 <source> 标签指定多个要播放的音频文件。语法如下：

```
<audio >
```

```
<source src=" 音频文件 1">
<source src=" 音频文件 2">
<source src=" 音频文件 3">
    ...
</audio>
```

【例 7-3】 改进【例 7-2】，增加替换音频源 a2.wma，代码如下：

```
<html>
<head>
    <title> 使用 source 标签增加替换音频源 </title>
</head>
<body>
    <h1> 背景音乐 </h1>
    <audio src="music\a2.mp3"  autoplay  loop>
        <source src="music\a2.wma">
        <source src="music\a2.wav">
        您的浏览器不支持 audio 标签。
    </audio>
</body>
</html>
```

7.1.4 使用 JavaScript 语言访问 audio 对象

除了使用默认的播放器控制播放音频外，还可以在 JavaScript 程序中操作 audio 对象，从而实现更灵活的控制。

1. 检测浏览器是否支持 <audio> 标签

在 JavaScript 程序中操作 audio 对象之前，通常需要检测浏览器是否支持 <audio> 标签。如果支持，则可以对 audio 对象进行操作。

可以通过 window.HTMLAudioElement 属性判断浏览器是否支持 <audio> 标签。如果 window.HTMLAudioElement 等于 true，则表示浏览器支持 <audio> 标签，否则表示不支持。

【例 7-4】 在网页中定义一个按钮，单击此按钮时，会检测浏览器是否支持 <audio> 标签。定义按钮的代码如下：

```
<html>
<head>
    <meta charset="utf-8">
    <title> 检测 </title>
    <script type="text/javascript">
        function check(){
            if(window.HTMLAudioElement){
                alert(" 您的浏览器支持 audio 标签。");
            }
```

```
        else{
            alert(" 您的浏览器不支持 audio 标签。");
        }
    }
    </script>
</head>
<body bgcolor="blue">
    <button id="check" onclick="check();">检测浏览器是否支持audio 标签 </button>
</body>
</html>
```

运行结果图 7-3 所示。

图 7-3　【例 7-4】运行结果

2. 在 JavaScript 程序中获得 audio 对象

在 JavaScript 程序中有下面 2 种方法可以获得 audio 对象。

①使用 new 关键字创建 audio 对象，例如：

```
media=new audio("music\a2.mp3");
```

②首先在 HTML 网页中定义一个 Audio 标签，然后调用 document.getElementById() 函数获取对应的 audio 对象。例如定义 audio 标签的代码如下：

```
<audio id="audio1" src="music\a2.mp3" autoplay loop>
您的浏览器不支持 <audio> 标签。
</audio>
```

获取对应 audio 对象的代码如下：

```
var media=document.getElementById('audio1');
```

3. audio 对象的属性、方法、事件

audio 对象的常用属性方法和事件如表 7-2~ 表 7-4 所示。

表 7-2　audio 对象的常用属性

属　　性	具　体　描　述
currentTime	设置或返回音频文件开始播放的位置，返回值以"秒"为单位
duration	返回播放音频的长度
src	音频文件的 url
volume	设置或返回音频文件的音量
networkState	当前的网络状态。0 表示尚未初始化，1 表示正常但没有使用网络，2 表示正在下载数据，3 表示没有找到资源
paused	是否暂停
ended	是否结束
autoPlay	是否自动播放
loop	是否循环播放
controls	是否显示默认控制条
muted	是否静音

表 7-3　audio 对象的常用方法

方　　法	具　体　描　述	方　　法	具　体　描　述
canPlayType	是否能播放指定格式的资源	play	播放
load	加载 src 属性指定的资源	pause	暂停

表 7-4　audio 对象的常用事件

事　　件	具　体　描　述	事　　件	具　体　描　述
loadstart	开始申请数据	pause	暂停时触发
progress	正在申请数据	ended	播放结束
suspend	延迟下载	volumechange	改变音量
play	播放时触发		

【例 7-5】　用按钮来控制音频播放，代码如下：

```
<html>
<head>
    <meta charset="utf-8"/>
    <title>【例 7-5】</title>
    <style type="text/css">
        body{background-image:url(blue.jpg)}
    </style>
    <script type="text/javascript">
        function playAudio(){
            if(window.HTMLAudioElement){
```

```
                    var media=document.getElementById('audio1');
                    var btn=document.getElementById('play');
                    if (media.paused) {
                        media.play();
                        btn.textContent=" 暂停 ";
                    }
                    else {
                        media.pause();
                        btn.textContent=" 播放 ";
                    }
                    media.addEventListener("ended", playend, true);
                }
            }
            function playend(){
                var btn=document.getElementById('play');
                btn.textContent=" 播放 ";
            }
            function foward(){
                if(window.HTMLAudioElement){
                    var media=document.getElementById('audio1');
                    media.currentTime+=1;
                }
            }
            function rewind(){
                if(window.HTMLAudioElement){
                    var media=document.getElementById('audio1');
                    media.currentTime=0;
                }
            }
        }
    </script>
</head>
<body>
    <audio id="audio1" src="music\a2.mp3" controls>
    您的浏览器不支持 audio 标签。
    </audio>
    <br>
    <button id="play" onclick="playAudio();">播放 </button>
    <button id="foward" onclick="foward();">快进 </button>
    <button id="rewind" onclick="rewind();">倒回 </button>
</body>
</html>
```

定义一个"播放"按钮、"快进"按钮和"倒回"按钮。单击"播放"按钮，将调用playAudio() 函数开始播放，并且将按钮上显示的文字改为"暂停"，单击"暂停"按钮则暂停播放，并将按钮上显示的文字改为"播放"，再次单击"播放"则从原来暂停的位置继续播放。单击"快进"按钮，将调用 foward() 函数，单击"倒回"按钮将调用 rewind() 函数。foward() 函数首先通过 window.HTMLAudioElement 判断浏览器是否支持 audio 标签，如果支持，则获取 audio 对象 media，然后将 media.currentTime 加 1。rewind () 函数首先通过 window.HTMLAudioElement 判断浏览器是否支持 <audio> 标签，如果支持，则获取 <audio> 对象 media，然后将 media.currentTime 设置为 0。

运行结果如图 7-4 所示。

图 7-4 【例 7-5】运行结果

7.2 HTML5 视频

HTML5 提供了在网页中播放视频的标准，支持 <video> 标签的浏览器可以不依赖其他插件播放视频。下面介绍在 HTML5 中播放视频的具体方法。

7.2.1 video 标签

在 HTML5 中，可以使用 <video> 标签定义一个视频播放器，语法如下：

```
<video src="视频文件">...</video>
```

src 属性用于指定视频文件的 url。<video> 标签支持的视频文件格式包括 .ogg、MPEG 4 和 WebM 等。<video> 和 </video> 之间的字符串指定当浏览器不支持 <video>

标签时显示的字符串。

<video> 标签的主要属性如表 7-5 所示。

表 7-5　video 标签的主要属性

属　　性	具　体　描　述
autoplay	如果是 true，则视频在就绪后马上播放
controls	如果是 true，则向用户显示视频播放器控件，比如播放按钮
end	定义播放器在视频流中的何处停止播放，默认会播放到结尾
height	视频播放器的高度，单位为像素
loop	如果是 true，则视频会循环播放
loopend	定义在视频流中循环播放停止的位置，默认为 end 属性的值
loopstart	定义在视频流中循环播放的开始位置，默认为 start 属性的值
playcount	定义视频片断播放多少次，默认为 1
poster	在视频播放之前所显示的图片的 URL
src	要播放的视频的 URL
start	定义播放器在视频流中开始播放的位置，默认从开头播放
width	视频播放器的宽度，单位为像素

【例 7-6】　在 HTML 文件中定义一个 <video> 标签，用于播放指定的 mp4 文件，代码如下：

```
<html>
<head>
    <title>使用 video 标签播放视频 </title>
    <style type="text/css">
        h2,video{margin:auto;}
    </style>
</head>
<body>
    <h2>video 标签让视频播放更简单! </h2>
    <video src="start.mp4" controls width="300px" height="200px">
        您的浏览器不支持 video 标签。
    </video>
</body>
</html>
```

运行结果如图 7-5 所示。

图 7-5 【例 7-6】运行结果

在 Google Chrome 中浏览【例 7-6】所述的网页，可以看到，视频播放器中包括播放/暂停按钮、进度条、播放秒数、音量/静音、全屏按钮等控件。

不同浏览器的视频播放器控件的外观也不尽相同，Internet Explorer 8 及其之前版本不支持 <video> 标签。

与 <audio> 标签一样，在 <video> 标签中，也可以使用 <source> 标签指定多个要播放的视频文件。语法如下：

```
<video>
    <source src=" 视频文件 1">
    <source src=" 视频文件 2">
    <source src=" 视频文件 3">
    ...
</video>
```

【例 7-7】 改进【例 7-6】，增加替换视频源，代码如下：

```
<html>
<head>
    <title> 使用 video 标签播放视频 </title>
    <style type="text/css">
        h2,video{margin:auto;}
    </style>
</head>
<body>
    <h2>video 标签让视频播放更简单! </h2>
    <video controls width="300px" height="200px">
        <source src="start.mp4" type="video/mp4"/>
```

```
        <source src="start.ogg" type="video/ogg"/>
        您的浏览器不支持 video 标签。
    </video>
</body>
</html>
```

7.2.2 使用 JavaScript 语言访问 video

与音频处理一样，除了使用默认的播放器控制播放视频外，还可以在 JavaScript 程序中操作 video 对象。

1. 检测浏览器是否支持 <video> 标签

在 JavaScript 程序中操作 video 对象之前，通常需要检测浏览器是否支持 <video> 标签。如果支持，则可以对 video 对象进行操作。

【例 7-8】 在网页中定义一个按钮，单击此按钮时，会检测浏览器是否支持 <video> 标签。代码如下：

```
<html>
<head>
    <title>检测浏览器是否支持 video 标签 </title>
    <script type="text/javascript">
        function supports_video(){
            return !!document.createElement('video').canPlayType;
        }
        function check(){
            if(supports_video()){
                alert("您的浏览器支持 video 标签。");
            }
            else{
                alert("您的浏览器不支持 video 标签。");
            }
        }
    </script>
</head>
<body>
    <button id="check" onclick="check();">看看您的浏览器是否支持 H5 视频播放器！ </
button>
</body>
</html>
```

程序调用 document.createElement（'video'）方法创建一个 video 对象，然后调用该 video 对象的 canPlayType 方法，并借此判断浏览器是否支持 <video> 标签。使用 "！！" 操作符的目的是将结果转换为布尔类型。运行结果如图 7-6 所示。

图 7-6 【例 7-8】运行结果

2. 在 JavaScript 程序中获得 video 对象

与 audio 对象不同，video 对象在任何情况下都是可见的。因此不需要使用 new 关键字创建 video 对象。

在 HTML 网页中定义一个 \<video\> 标签，然后调用 document.getElementById() 函数获取对应的 audio 对象。例如定义 \<video\> 标签的代码如下：

```
<video id="video1" src="video1.mp4"  controls>
您的浏览器不支持 video 标签。
</video>
```

获取对应 video 对象的代码如下：

```
var me=document.geElementById('video1');
```

3. video 对象的属性、方法、事件

video 对象的常用属性、方法和事件如表 7-6 ～表 7-8 所示。

表 7-6　video 对象的常用属性

属　　性	具　体　描　述
autoplay	设置或返回是否在加载完成后随即播放视频
controls	设置或返回是否显示视频控件
currentSrc	返回当前视频的 URL
currentTime	设置或返回视频文件开始播放的位置，返回值以"秒"为单位

续表

属　　性	具　体　描　述
duration	返回当前视频的长度，以秒计
videoHeight	原始视频的高度
width	视频的宽度

表 7-7　video 对象的常用方法

方　　法	具　体　描　述	方　　法	具　体　描　述
canPlayType	是否能播放指定格式的资源	play	播放
load	加载 src 属性指定的资源	pause	暂停

表 7-8　video 对象的常用事件

事　　件	具　体　描　述	事　　件	具　体　描　述
canplay	当浏览器可以播放视频时	play	播放时触发
loadeddata	当浏览器已加载视频的当前帧时	pause	暂停时触发
loadstart	开始申请数据	ended	播放结束
progress	正在申请数据	volumechange	改变音量
suspend	延迟下载	waiting	当视频由于需要缓冲下一帧而停止

【例 7-9】 在网页中定义 2 个视频播放器，当播放视频 1 时，就暂停视频 2；当暂停视频 1 时，就播放视频 2。网页代码如下：

```
<html>
<head>
    <title>两个视频</title>
    <script type="text/javascript">
        function  register() {
            var media1=document.getElementById('video1');
            media1.addEventListener("play",pauseVideo2,true);
            media1.addEventListener("pause",playVideo2,true);
        }
        function pauseVideo2(){
            var media2=document.getElementById('video2');
            media2.pause();
        }
        function playVideo2(){
            var media2=document.getElementById('video2');
```

```
            media2.play();
        }
        window.addEventListener("load",register,true);
    </script>
</head>
<body>
    <video id="video1" src="start.mp4" controls width="300px"
height="200px">
        您的浏览器不支持 video 标签。
    </video>
    <video id="video2" src="start.mp4" controls width="300px"
height="200px">
        您的浏览器不支持 video 标签。
    </video>
</body>
</html>
```

　　程序使用 window.addEventListener() 函数指定加载网页 (load 事件）时调用 register() 函数。register 函数用于定义视频 1 的事件处理函数，play 事件的处理函数为 pauseVideo2()，pause 事件的处理函数为 playVideo2()。

7.3 实训项目

项目一

　　① 项目要求：使用 audio 标签导入音频，并使用相关事件进行暂停和播放设置。

　　② 项目说明：项目一要求大家用 audio 标签控制音乐的播放。这需要使用 JavaScript 脚本程序去判断程序运行状态，并根据判断结果去修改程序的运行。所以我们在程序中需要使用到 JavaScript 编写简单的 if 语句就可以实现这个功能。当程序开始时，设置一个按钮，上面显示的是"播放"，单击按钮开始播放音乐，同时按钮上显示的文字要改为"暂停"，单击"暂停"则音乐暂停播放，按钮上的文字又变成"播放"。并且当音乐全部播完时，音乐停止，按钮上显示的文字重置为"播放"。

　　③ 运行结果如图 7-7 所示。

项目视频
7-1

图 7-7　项目一运行结果

项目二

① 项目要求：自己在网上下载一段视频，或是用手机拍摄一段视频，命名为 myvideo.mp4 或是其他格式，利用下面的代码把它在网页中用 <video> 标签播放出来。

② 项目说明：项目二的要求很简单，就是让大家把生活中的小视频放到网页中来播放，学会使用 video 标签。

③ 运行结果如图 7-8 所示。

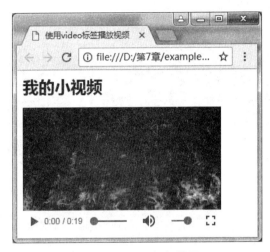

图 7-8　项目二运行结果

练 习 题

1. 单选题

（1）audio 标签支持的音频文件类型不包括（　　）。

　　A．.wav　　　　　　B．.mp3　　　　　　C．.ogg　　　　　　D．.aud

（2）用于设置视频文件在网页中显示有控制按钮的属性是（　　）。

　　A．loop　　　　　　B．time　　　　　　C．autopaly　　　　D．control

2. 填空题

（1）在 HTML5 中，可以使用 _____ 标签定义一个音频播放器。

（2）在 HTML5 中，可以使用 _____ 标签定义一个视频播放器。

（3）<audio> 标签的 _____ 属性用于定义音频是否自动播放。

（4）<audio> 标签的 _____ 属性用于定义音频是否循环播放。

3. 简答题

简述使用 <audio> 标签播放背景音乐的方法。

第 **8** 章

HTML5 绘图

学习目标

- 了解使用 Canvas API 绘图的方法。
- 了解用 SVG 绘制可伸缩矢量图的方法。

HTML4 几乎没有画图能力，只能通过插入图像把图形放入网页中。HTML5 提供了 Canvas 元素，可以在网页中定义一个画布，然后使用 Canvas API 在画布中画图。还可以使用 XML 格式在 Web 上定义基于矢量的图形。

8.1 使用 Canvas API 画图

8.1.1 Canvas 概述

1. Canvas 元素的定义语法

Canvas 元素的定义语法如下：

```
<canvas id="xxx" height=… width=…>…</canvas>
```

Canvas 元素的常用属性如下：

- id：Canvas 元素的标识 id。
- height：Canvas 画布的高度，单位为像素。
- width：Canvas 画布的宽度，单位为像素。

<canvas> 和 </canvas> 之间的字符串指定当浏览器不支持 Canvas 时显示的字符串。

【例8-1】 在 HTML 文件中定义一个 Canvas 画布，id 为 myCanvas，高和宽各为 100 个像素，代码如下：

```
<html>
<head>
    <title>测试浏览器</title>
</head>
<body>
    <canvas id="myCanvas" height=100 width=100>
        您的浏览器不支持 canvas。
    </canvas>
</body>
</html>
```

运行结果如图 8-1 所示。

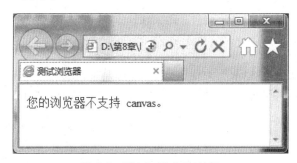

图 8-1 【例 8-1】运行结果

提 示：Internet Explorer 9、Firefox、Opera、Chrome 和 Safari 支 持 Canvas 元 素。Internet Explorer 8 及其之前版本不支持 Canvas 元素。

2. 坐标系统

绘制各种图形时，都需要用 (x,y) 的形式给出画布中的坐标位置。Canvas 使用的坐标系统如图 8-2 所示。

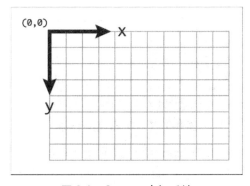

图 8-2 Canvas 坐标系统

8.1.2 绘制图形

1. 绘制直线段

在 JavaScript 中可以使用 Canvas API 绘制直线段。

【例 8-2】 使用 Canvas API 绘制直线段，代码如下。

```
<html>
<head>
    <meta charset="utf-8">
    <title>绘制直线段</title>
    <script type="text/javascript">
        function drawline()
        {
            var c=document.getElementById("myCanvas"); // 获取网页中的 canvas 对象
            var ctx=c.getContext("2d");   // 获取 canvas 对象的 2d 上下文
            ctx.beginPath();   //  开始绘图路径
            ctx.moveTo(10,10);   // 将坐标移至直线段起点
            ctx.lineTo(200,100); // 指出将要绘制直线段以及直线段的终点
            ctx.stroke();   // 描绘从起点到终点的路径
        }
        window.addEventListener("load", drawline, true);
    </script>
</head>
<body>
    <canvas id="myCanvas" height=500 width=500>
        您的浏览器不支持 canvas。
    </canvas>
</body>
</html>
```

运行结果如图 8-3 所示。

图 8-3 【例 8-2】运行结果

第 4 章中我们学习了在 JavaScript 中可以使用 document.getElementById() 方法获取网页中的对象，即【例 8-2】中的：document.getElementById("myCanvas")，得到的对象 c 即 Id 名为 myCanvas 的 Canvas 画布对象。要在其中绘图还需要获得 myCanvas 对象的 2d 渲染上下文（RenderingContext2D）对象，代码如【例 8-2】中的 c.getContext("2d")。程

序运行结果如图 8-3 所示。

学会了画直线段，就可以画出很多用直线段组成的图形。

【例 8-3】　绘制多边形，代码如下。

```html
<html>
<head>
    <meta charset="utf-8">
    <title>绘制多边形</title>
    <script type="text/javascript">
        function drawsix()
        {
            var c=document.getElementById("myCanvas"); // 获取网页中的 canvas 对象
            var ctx=c.getContext("2d");   // 获取 canvas 对象的 2d 上下文
            ctx.beginPath();   //  开始绘图路径
            ctx.moveTo(100,20);
            ctx.lineTo(200,20);
            ctx.lineTo(250,70);
            ctx.lineTo(200,120);
            ctx.lineTo(100,120);
            ctx.lineTo(50,70);
            ctx.closePath();     // 形成封闭路径
            ctx.stroke();   // 描绘从起点到终点的路径
        }
        window.addEventListener("load", drawsix, true);
    </script>
</head>
<body>
    <canvas id="myCanvas" height=500 width=500>
        您的浏览器不支持 canvas。
    </canvas>
</body>
</html>
```

运行结果如图 8-4 所示。

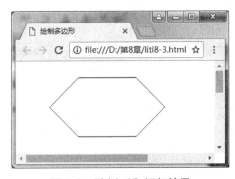

图 8-4　【例 8-3】运行结果

【例 8-4】 绘制不连续线段图形。

```html
<html>
<head>
    <title>绘制大写字母</title>
    <script type="text/javascript">
      function drawlove()
      {
          var c=document.getElementById("myCanvas"); //获取网页中的canvas对象
          var ctx=c.getContext("2d");   //获取canvas对象的上下文
          ctx.beginPath();   //  开始绘图路径
          ctx.moveTo(70,10);
          ctx.lineTo(70,50);
          ctx.lineTo(90,50);
          ctx.moveTo(95,10);
          ctx.lineTo(95,50);
          ctx.lineTo(115,50);
          ctx.lineTo(115,10);
          ctx.closePath();
          ctx.moveTo(120,10);
          ctx.lineTo(130,50);
          ctx.lineTo(140,10);
          ctx.moveTo(165,10);
          ctx.lineTo(145,10);
          ctx.lineTo(145,50);
          ctx.lineTo(165,50);
          ctx.moveTo(145,30);
          ctx.lineTo(165,30);
          ctx.stroke();   // 关闭绘图路径
      }
      window.addEventListener("load", drawlove, true);
    </script>
</head>
<body>
    <canvas id="myCanvas" height=500 width=500>您的浏览器不支持canvas,</canvas>
</body>
</html>
```

运行结果如图 8-5 所示。

图 8-5 【例 8-4】运行结果

2. 绘制贝塞尔曲线

(1) 绘制二次方贝塞尔曲线

可以通过 quadraticCurveTo() 方法绘制二次方贝塞尔曲线，语法如下：

```
quadraticCurveTo(cpX, cpY, x, y)
```

二次方贝塞尔曲线的路径由 3 个给定点确定，分别是起始点、终点和控制点。起始点坐标为绘制二次方贝塞尔曲线前的当前位置坐标。参数 cpX 和 cpY 为控制点的坐标，参数 x 和 y 为曲线的终点坐标。

【例 8-5】 绘制二次方贝塞尔曲线。

```
<html>
<head>
    <meta charset="utf-8">
    <title>二次方贝塞尔曲线</title>
    <script type="text/javascript">
        function drawBezier2()
        {
            var c=document.getElementById("myCanvas"); // 获取网页中的 canvas 对象
            var ctx=c.getContext("2d");   // 获取 canvas 对象的上下文
            // 绘制 2 次贝塞尔曲线
            ctx.beginPath();
            ctx.moveTo(20,100);
            ctx.quadraticCurveTo(130,0,180,80);
            ctx.stroke();
        }
        window.addEventListener("load", drawBezier2, true);
    </script>
</head>
<body>
    <canvas id="myCanvas" height=500 width=500>
        您的浏览器不支持 canvas。
    </canvas>
</body>
</html>
```

运行结果如图 8-6 所示。

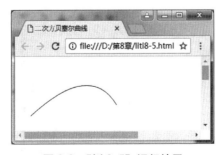

图 8-6 【例 8-5】运行结果

思考一下，如何用二次方贝塞尔曲线绘制一条波浪线。

（2）绘制三次方贝塞尔曲线

三次方贝塞尔曲线的路径由 4 个给定点确定。可以通过 bezierCurveTo() 方法绘制三次方贝塞尔曲线，语法如下：

```
bezierCurveTo(cpX1, cpY1, cpX2, cpY2, x, y)
```

参数 cpX1、cpY1 为第 1 控制点的坐标，参数 cpX2、cpY2 为第 2 控制点的坐标，参数 x 和 y 为曲线的终点坐标。

三次方贝塞尔曲线的起始点坐标为调用 bezierCurveTo() 方法时的当前位置坐标。

【例 8-6】 绘制 3 次方贝塞尔曲线。代码如下。

```html
<html>
<head>
    <meta charset="utf-8">
    <title>三次方贝塞尔曲线</title>
    <script type="text/javascript">
    function drawBezier3()
    {
        var c=document.getElementById("myCanvas");   //取网页中的 canvas 对象
        var ctx=c.getContext("2d");   // 获取 canvas 对象的上下文
        // 绘制三次方贝塞尔曲线
        ctx.beginPath();
        ctx.moveTo(25,125);
        ctx.bezierCurveTo(60,30,150,0,170,100);
        ctx.stroke();
    }
    window.addEventListener("load", drawBezier3, true);
    </script>
</head>
<body>
    <canvas id="myCanvas" height=500 width=500>
        您的浏览器不支持 canvas。
    </canvas>
</body>
</html>
```

运行结果如图 8-7 所示。

图 8-7 【例 8-6】运行结果

3. 绘制矩形

可以通过调用 rect()、strokeRect()、fillRect() 和 clearRect()，4 个 API 在 Canvas 画布中绘制矩形。其中，前 2 个 API 用于绘制矩形边框，调用 fillRect() 可以填充指定的矩形区域，调用 clearRect () 可以擦除指定的矩形区域。

（1）rect()

rect() 方法的语法如下：

```
rect(x, y, width, height)
```

参数说明如下：

- x：矩形的左上角的 X 坐标。
- y：矩形的左上角的 Y 坐标。
- width：矩形的宽度。
- height：矩形的高度。

使用 rect() 方法绘制矩形边框的语句：

```
ctx.beginPath();
ctx.rect(20,20, 100, 50);
ctx.stroke();
```

（2）strokeRect()

strokeRect() 方法的语法如下：

```
strokeRect(x, y, width, height)
```

参数的含义与 rect() 方法的参数相同。

strokeRect() 方法与 rect() 方法的区别在于调用 strokeRect() 方法时不需要使用 beginPath() 和 stroke() 即可绘图。

（3）fillRect()

fillRect() 方法的语法如下：

```
fillRect(x, y, width, height)
```

参数的含义与 rect() 方法的参数相同。

（4）clearRect()

clearRect() 方法的语法如下：

```
clearRect(x, y, width, height)
```

参数的含义与 rect() 方法的参数相同。

【例 8-7】 使用 strokeRect()、fillRect() 和 clearRect() 方法绘制矩形的例子：

```
<html>
<head>
```

```
    <meta charset="utf-8">
    <title>用矩形画一扇门</title>
    <script type="text/javascript">
        function door()
        {
            var c=document.getElementById("myCanvas");  //取网页中的 canvas 对象
            var ctx=c.getContext("2d");  // 获取 canvas 对象的上下文
            ctx.fillRect(50,10,100,60);
            ctx.fillRect(50,71,100,20);
            ctx.fillRect(50,92,100,80);
            ctx.clearRect(110,30,20,100);
            ctx.strokeRect(112,32,16,96);
            ctx.clearRect(55,100,8,8);
        }
        window.addEventListener("load", door, true);
    </script>
</head>
<body>
    <canvas id="myCanvas" height=500 width=500>
        您的浏览器不支持 canvas。
    </canvas>
</body>
</html>
```

运行结果如图 8-8 所示。

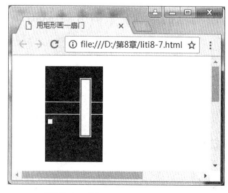

图 8-8 【例 8-7】运行结果

4. 绘制圆弧

可以调用 arc() 方法绘制圆弧，语法如下：

```
arc(centerX, centerY, radius, startingAngle, endingAngle,
antiClockwise);
```

参数说明如下：

- centerX：圆弧圆心的 X 坐标。
- centerY：圆弧圆心的 Y 坐标。
- radius：圆弧的半径。
- startingAngle：圆弧的起始角度。
- endingAngle：圆弧的结束角度。
- antiClockwise：是否按逆时针方向绘图。

【例 8-8】　使用 arc() 方法绘制圆弧。

```html
<html>
<head>
    <meta charset="utf-8">
    <title>绘制圆弧</title>
    <script type="text/javascript">
        function circle()
        {
            var c=document.getElementById("myCanvas"); //获取网页中的 canvas 对象
            var ctx=c.getContext("2d");   // 获取 canvas 对象的 2d 上下文
            ctx.beginPath();  //  开始绘图路径
            ctx.arc(100,100,80,1*Math.PI,1.8*Math.PI,false);
            ctx.stroke();  // 描绘圆弧
        }
        window.addEventListener("load", circle, false);
    </script>
</head>
<body>
    <canvas id="myCanvas" height=500 width=500>
        您的浏览器不支持 canvas。
    </canvas>
</body>
</html>
```

运行结果如图 8-9 所示。

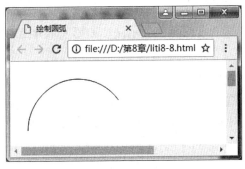

图 8-9　【例 8-8】运行结果

当圆弧的起始角度和终止角度正好相差 2π，则可画出一个正圆来。

8.1.3　描边和填充

1．颜色的表示方法

（1）颜色关键字

颜色关键字见表 8-1。

表 8-1　颜色关键字

颜色关键字	具体描述	颜色关键字	具体描述	颜色关键字	具体描述
maroon	酱紫色	gray	灰色	silver	银色
red	红色	fuchsia	紫红色	aqua	浅绿色
orange	橙色	lime	绿黄色	white	白色
yellow	黄色	green	绿色	cyan	蓝绿色
olive	橄榄色	navy	藏青色	black	黑色
purple	紫色	blue	蓝色		

（2）16 进制字符串

也可以使用一个 16 进制字符串表示颜色，格式为 #RGB。其中，R 表示红色集合，G 表示绿色集合，B 表示蓝色集合。例如 #F00 表示红色，#0F0 表示绿色，#00F 表示蓝色，#FFF 表示白色，#000 表示黑色。

（3）rgb() 和 rgba() 颜色

RGB 颜色值如表 8-2 所示。

表 8-2　RGB 颜色值

颜色	RGB() 表示	颜色	RGB() 表示
黑色	RGB(0,0,0)	红色	RGB(255,0,0)
蓝色	RGB(0,0,255)	洋红色	RGB(255,0,255)
绿色	RGB(0,255,0)	黄色	RGB(255,255,0)
青色	RGB(0,255,255)	白色	RGB(255,255,255)

Rgba() 就是可以设置透明度的颜色表示法，和第 4 章介绍的相同，此处不再赘述。

2．描边

（1）指定描边的颜色和宽度

通过设置 Canvas 2D 渲染上下文对象的 strokeStyle 属性可以指定描边的颜色，通过设置 Canvas 2D 渲染上下文对象的 lineWidth 属性可以指定描边的宽度。例如在【例 8-8】中可以加上这两句：

```
ctx.lineWidth=20;
ctx.strokeStyle="red";
```

（2）指定如何绘制线段的末端

通过设置 Canvas 2D 渲染上下文对象的 lineCap 属性可以指定线段的末端如何绘制。表 8-3 所示为 lineCap 属性的可选值。

表 8-3　lineCap 属性的可选值

属性值	具　体　描　述
butt	默认值，指定线段没有线帽。线条的末点是平直的而且和线条的方向正交，这条线段在其端点之外没有扩展
round	指定线段带有一个半圆形的线帽，半圆的直径等于线段的宽度，并且线段在端点之外扩展了线段宽度的一半
square	指定线段一个矩形线帽，和 "butt" 一样，但是线段扩展了自己的宽度的一半

可以在【例 8-8】中加上下面的语句：

```
ctx.lineCap="round";
```

提示：lineCap 属性只有绘制较宽线段时才有效。

（3）指定如何绘制交点

通过设置 Canvas 2D 渲染上下文对象的 lineJoin 属性可以指定如何绘制线段或曲线的交点。lineJoin 属性的可选值如表 8-4 所示。

表 8-4　lineJoin 属性的可选值

属性值	具　体　描　述
miter	默认值，指定线段的外边缘一直扩展到它们相交。当两条线段以一个锐角相交，斜角连接可能变得很长
round	指定顶点的外边缘应该和一个填充的弧接合，这个弧的直径等于线段的宽度
bevel	指定顶点的外边缘应该和一个填充的三角形相交

可以在【例 8-8】中加上下面的语句：

```
ctx.lineJoin="bevel";
```

提示：lineJoin 属性只有绘制较宽边框的图形时才有效。

3．填充图形内部

通过设置 Canvas 2D 渲染上下文对象的 fillStyle 属性可以指定填充图形内部的颜色，同时，使用 Canvas 2D 渲染上下文对象的 fill() 方法完成填充。使用 fillRect() 绘制填充矩形时，直接按照设置好的填充色填充。

【例 8-9】　描边和填充色彩的五角星。

```
<html>
<head>
    <meta charset="utf-8">
```

```
        <title>五角星</title>
        <script type="text/javascript">
            function star()
            {
                var c=document.getElementById("myCanvas"); // 获取网页中的 canvas 对象
                var ctx=c.getContext("2d");   // 获取 canvas 对象的 2d 上下文
                ctx.lineWidth=10;
                ctx.lineJoin="round";
                ctx.strokeStyle="red";
                ctx.fillStyle="yellow";
                ctx.beginPath();   //  开始绘图路径
                ctx.moveTo(90,60);
                ctx.lineTo(210,60);
                ctx.lineTo(110,140);
                ctx.lineTo(150,10);
                ctx.lineTo(190,140);
                ctx.closePath();    // 形成封闭路径
                ctx.stroke();   // 描绘从起点到终点的路径
                ctx.fill();
            }
            window.addEventListener("load", star, true);
        </script>
    </head>
    <body>
        <canvas id="myCanvas" height=500 width=500>
            您的浏览器不支持 canvas。
        </canvas>
    </body>
</html>
```

运行结果如图 8-10 所示。

图 8-10 【例 8-9】运行结果

4. 渐变颜色

（1）创建 CanvasGradient 对象

如果要使用渐变颜色，首先需要创建一个 CanvasGradient 对象。可以通过下面 2 种方法创建 CanvasGradient 对象。

第一种方法：以线性颜色渐变方式创建 CanvasGradient 对象。

使用 Canvas 2D 渲染上下文对象的 createLinearGradient() 方法创建线性颜色渐变方式 CanvasGradient 对象。语法如下：

```
createLinearGradient(xStart, yStart, xEnd, yEnd)
```

参数说明如下：
- xStart 和 yStart 是渐变的起始点的坐标。
- xEnd 和 yEnd 是渐变的结束点的坐标。

第二种方法：以放射颜色渐变方式创建 CanvasGradient 对象。

使用 Canvas 2D 渲染上下文对象的 createRadialGradient() 方法可以创建放射颜色渐变方式 CanvasGradient 对象。语法如下：

```
createRadialGradient(xStart, yStart, radiusStart, xEnd, yEnd,
radiusEnd)
```

参数说明如下：
- xStart 和 yStart 是开始圆的圆心的坐标。
- radiusStart 是开始圆的半径。
- xEnd 和 yEnd 是结束圆的圆心的坐标。
- radiusEnd 是结束圆的半径。

（2）为渐变对象设置颜色

创建 CanvasGradient 对象后，还需要为其设置颜色基准，可以通过 CanvasGradient 对象的 addColorStop() 方法在渐变中的某一点添加一个基本颜色。渐变中其他点的颜色将以此为基准。addColorStop() 方法的语法如下：

```
addColorStop(offset, color)
```

参数 offset 是一个范围在 0~1 的浮点值，表示渐变的开始点和结束点之间的一部分。offset 为 0 对应开始点，offset 为 1 对应结束点。Color 指定 offset 位置显示的颜色。两个相邻的 offset 位置上的颜色插入中间值进行渐变。

（3）设置描边和填充色为渐变颜色

只要将前面创建的 CanvasGradient 对象赋值给 strokeStyle 属性，即可使用渐变颜色进行描边，赋值给 fillStyle 属性，即可使用渐变颜色进行填充。

【例 8-10】 绘制多彩的五角星。

```html
<html>
```

```html
<head>
    <meta charset="utf-8">
    <title> 多彩的五角星 </title>
    <script type="text/javascript">
        function star()
        {
            var c=document.getElementById("myCanvas");
            var ctx=c.getContext("2d");
            ctx.lineWidth=15;
            ctx.lineJoin="round";
            // 定义线性渐变色对象
            var sColor=ctx.createLinearGradient(110,60, 200,60);
            sColor.addColorStop(0, "yellow"); // 添加一个基本颜色
            sColor.addColorStop(1, "red"); // 添加另一个基本颜色
            ctx.strokeStyle=sColor;// 使用渐变色对象设置描边颜色
            // 定义放射性渐变色对象
            var fColor = ctx.createRadialGradient(150,80, 5,150,80,60);
            fColor.addColorStop(0, "navy");
            fColor.addColorStop(0.5, "blue");
            fColor.addColorStop(1, "purple"); // 添加三个基本颜色
            ctx.fillStyle=fColor;// 使用渐变色对象设置填充颜色
            ctx.beginPath();
            ctx.moveTo(90,60);
            ctx.lineTo(210,60);
            ctx.lineTo(110,140);
            ctx.lineTo(150,10);
            ctx.lineTo(190,140);
            ctx.closePath();
            ctx.stroke();
            ctx.fill();
        }
        window.addEventListener("load",star, true);
    </script>
</head>
<body>
    <canvas id="myCanvas" height=500 width=500>
        您的浏览器不支持 canvas.
    </canvas>
</body>
</html>
```

运行结果如图 8-11 所示。

图 8-11 【例 8-10】运行结果

8.1.4 绘制图像和文字

1. 绘制图像

在画布上绘制图像的 Canvas API 是 drawImage()，语法如下：

```
drawImage(image, x, y)
drawImage(image, x, y, width, height)
drawImage(image, sourceX, sourceY, sourceWidth, sourceHeight, destX,
destY, destWidth, destHeight)
```

参数说明：

- image：所要绘制的图像。
- x 和 y：要绘制的图像的左上角位置。
- width 和 height：绘制图像的宽度和高度。
- sourceX 和 sourceY：图像将要被裁剪的区域的左上角。
- sourceWidth 和 sourceHeight：图像要被裁剪的大小。
- destX 和 destY：所要绘制的图像区域的左上角的画布坐标。
- destWidth 和 destHeight：图像区域所要绘制的画布大小。

可以通过绘制图像实现图像的伸缩、裁剪效果。

【例 8-11】 绘制图像。

```
<html>
<head>
    <meta charset="utf-8">
    <title>绘制图像</title>
    <script type="text/javascript">
        function drawimg()
        {
            var c=document.getElementById("myCanvas");// 获取网页中的 canvas 对象
            var ctx=c.getContext("2d");   // 获取 canvas 对象的 2d 上下文
```

```
          var imgObj=new Image();  // 创建图像对象
          imgObj.src="tree.jpg";
          imgObj.onload=function(){
             // 指定位置指定大小整图缩放
             ctx.drawImage(imgObj,5,5, 200, 50);
             // 从原图裁剪一部分图像，放到指定位置，缩放到指定大小
             ctx.drawImage(imgObj,300,100, 50, 50,50,60,100,100);
          }
       }
       window.addEventListener("load", drawimg, false);
    </script>
</head>
<body>
   <canvas id="myCanvas" height=500 width=500>
       您的浏览器不支持 canvas。
   </canvas>
</body>
</html>
```

运行结果如图 8-12 所示。

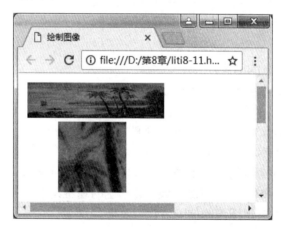

图 8-12 【例 8-11】运行结果

2. 输出文字

可以使用 strokeText() 方法在画布的指定位置输出描边文字，语法如下：

```
strokeText(text, x, y)
```

参数说明如下：

- text：要输出的字符串。
- x 和 y：要输出的字符串位置坐标。

可以使用 fillText() 方法在画布的指定位置输出填充文字，语法如下：

```
fillText(text, x, y)
```

参数和 strokeText 含义相同。

① 设置字体：可以通过 Canvas 2D 渲染上下文对象的 font 属性来设置输出字符串的文字大小和字体。

② 设置对齐方式：可以通过 Canvas 2D 渲染上下文对象的 TextAlign 属性来设置输出字符串的对齐方式。可选值为 left（左对齐）、center（居中对齐）和 right（右对齐）。

③ 设置边框宽度和颜色：可以通过 Canvas 2D 渲染上下文对象的 lineWidth 设置描边的宽度，strokeStyle 属性指定输出文字的描边颜色，fillStyle 属性指定填充的颜色。

【例 8-12】　绘制彩色的文字。

```
<html>
<head>
    <meta charset="utf-8">
    <title>绘制文字</title>
    <script type="text/javascript">
        function drawText(){
            var c=document.getElementById("myCanvas");
            var ctx=c.getContext("2d");
            var Colordiagonal=ctx.createLinearGradient(50,100, 300,100);
            Colordiagonal.addColorStop(0, "yellow");
            Colordiagonal.addColorStop(0.5, "green");
            Colordiagonal.addColorStop(1, "red");
            ctx.fillStyle=Colordiagonal;
            ctx.font="60pt 隶书 ";
            ctx.fillText("HTML 5",10,100);
            ctx.lineWidth=2;
            ctx.strokeStyle="blue";
            ctx.strokeText("HTML 5",10,100);
        }
        window.addEventListener("load",drawText,false);
    </script>
</head>
<body>
    <canvas id="myCanvas" height=500 width=500>
        您的浏览器不支持 canvas。
    </canvas>
</body>
</html>
```

运行结果如图 8-13 所示。

图 8-13 【例 8-12】运行结果

8.1.5 图形操作

1. 保存和恢复绘图状态

调用 Context.save() 方法可以保存当前的绘图状态。Canvas 状态是以堆（stack）的方式保存绘图状态，绘图状态包括：

- 当前应用的操作（比如移动、旋转、缩放或变形，具体方法将在本节稍后介绍）。
- strokeStyle、fillStyle、globalAlpha、lineWidth、lineCap、lineJoin、miterLimit、shadowOffsetX、shadowOffsetY、shadowBlur、shadowColor、globalCompositeOperation 等属性的值。有些属性在本书中并未介绍，也有些属性将在本章后面介绍。
- 当前的裁切路径（clipping path）。

调用 Context.restore() 方法可以从堆中弹出之前保存的绘图状态。

Context.save() 方法和 Context.restore() 方法都没有参数。

【例 8-13】 保存和恢复绘图状态。

```html
<html>
<head>
    <meta charset="utf-8">
    <title>保存与恢复</title>
    <script type="text/javascript">
        function draw(){
            var ctx=document.getElementById('myCanvas').getContext('2d');
            ctx.fillStyle='red';
            ctx.fillRect(90,0,150,150); // 使用红色填充矩形
            ctx.save(); // 保存当前的绘图状态
            ctx.fillStyle='green' ;//
            ctx.fillRect(105,15,120,120); // 使用绿色填充矩形
            ctx.save(); // 保存当前的绘图状态
            ctx.fillStyle='blue' ;
```

```
        ctx.fillRect(120,30,90,90); // 使用蓝色填充矩形
        ctx.restore(); // 恢复之前保存的绘图状态，即 ctx.fillStyle='green'
        ctx.fillRect(135,45,60,60); // 使用绿色填充矩形
        ctx.restore(); //  恢复再之前保存的绘图状态，即 ctx.fillStyle='red'
        ctx.fillRect(150,60,30,30); //  使用红色填充矩形
    }
    window.addEventListener("load",draw,false);
  </script>
</head>
<body>
  <canvas id="myCanvas" height=500 width=500>
     您的浏览器不支持 canvas。
  </canvas>
</body>
</html>
```

运行结果如图 8-14 所示。

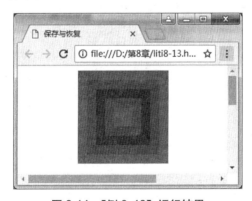

图 8-14　【例 8-13】运行结果

2．移动、缩放、旋转

可以通过 Canvas 2D 渲染上下文对象的 translate(x, y) 方法将 Canvas 画布的原点移到指定位置。

通过 Canvas 2D 渲染上下文对象的 scale(x,y) 方法，将图形或图像进行缩放。x 为横向缩放比例，y 为纵向缩放比例，均为正数。

通过 Canvas 2D 渲染上下文对象的 rotate(angle)，angle 为顺时针旋转角度，单位为弧度。

【例 8-14】　移动、缩放、旋转。

```
<html>
<head>
    <meta charset="utf-8">
```

```
    <title>五角星</title>
    <script type="text/javascript">
        function star()
        {
            var c=document.getElementById("myCanvas");
            var ctx=c.getContext("2d");
            ctx.strokeStyle="red";
            ctx.fillStyle="yellow";
            ctx.beginPath();
            ctx.moveTo(20,40);
            ctx.lineTo(80,40);
            ctx.lineTo(30,75);
            ctx.lineTo(50,15);
            ctx.lineTo(70,75);
            ctx.closePath();
            ctx.stroke();
            ctx.fill();
            ctx.translate(110,0);//移动
            ctx.scale(0.3,0.3);//缩放
            ctx.rotate(0.45*Math.PI);//旋转
            //下面是重复代码
            ctx.beginPath();
            ctx.moveTo(20,40);
            ctx.lineTo(80,40);
            ctx.lineTo(30,80);
            ctx.lineTo(50,20);
            ctx.lineTo(70,80);
            ctx.closePath();
            ctx.stroke();
            ctx.fill();
        }
        window.addEventListener("load",star,true);
    </script>
</head>
<body>
    <canvas id="myCanvas" height=500 width=500>
        您的浏览器不支持 canvas。
    </canvas>
</body>
</html>
```

运行结果如图 8-15 所示。

图 8-15 【例 8-14】运行结果

大家可以继续做，看看能不能画出一面五星红旗来。

3. 变形

可以调用 Canvas 2D 渲染上下文对象的 setTransform() 方法对绘制的 canvas 图形进行变形，语法如下：

```
setTransform(a1, b1, a2, b2, dx, dy);
```

假定原来的 (x,y) 点经过变形后变成了 (X,Y) 点，则参数关系是：

```
X=a1*x+a2*y+dx
Y=b1*x+b2*y+dy
```

通常可以运用变形绘制影子效果。

【例 8-15】 制作倒影文字。

```
<html>
<head>
    <meta charset="utf-8">
    <title>绘制倒影 </title>
    <script type="text/javascript">
        function draw() {
            var ctx= document.getElementById('myCanvas').getContext('2d');
            ctx.fillStyle="blue";
            ctx.font="48pt Helvetica";
            ctx.fillText("HTML 5!", 0, 50);
            ctx.setTransform(1,0,0,-1,0,2); //X=x,Y=-y+2
            // 纵向渐变
            var jbColor=ctx.createLinearGradient(0,-10, 0,-120);
            jbColor.addColorStop(0, "blue");
```

```
            jbColor.addColorStop(1, "white");
            ctx.fillStyle=jbColor;
            ctx.fillText("HTML 5!", 0,-50)
        }
        window.addEventListener("load", draw, false);
    </script>
</head>
<body>
    <canvas id="myCanvas" height=500 width=500>
        您的浏览器不支持 canvas。
    </canvas>
</body>
</html>
```

运行结果如图 8-16 所示。

图 8-16 【例 8-15】运行结果

8.1.6 组合和阴影

1. 组合图形

在绘制图形时，如果画布上已经有图形，就涉及一个问题：两个图形如何组合。可以通过调用 Canvas 2D 渲染上下文对象的 globalCompositeOperation 属性来设置组合方式，属性值的取值如表 8-5 所示。

表 8-5 globalCompositeOperation 属性的可选值

属 性 值	具 体 描 述
source-over	默认值，新图形会覆盖在原有内容之上
destination-over	原有内容在新图之上
source-in	只显示两图重叠部分，新图部分在上
destination-in	只显示两图重叠部分，原图部分在上

属　性　值	具　体　描　述
source-out	只显示新图不重叠部分，原图整体透明不显示
destination-out	只显示原图不重叠部分，新图整体透明不显示
source-atop	重叠部分显示新图，不重叠部分显示原图
destination-atop	重叠部分显示原图，不重叠部分显示新图
lighter	两图形中重叠部分作加色处理，即重叠部分变浅
darker	两图形中重叠的部分作减色处理，即重叠部分变深
xor	重叠的部分会变成透明
copy	只有新图形会被保留，其他都被清除掉

【例 8-16】 组合图形。

```
<html>
<head>
    <meta charset="utf-8">
    <title>组合图形</title>
    <script type="text/javascript">
        function draw() {
            var ctx=document.getElementById('myCanvas').getContext('2d');
            ctx.fillStyle="yellow";
            ctx.fillRect(0,0, 100, 100);
            ctx.fillStyle="blue";
            ctx.globalCompositeOperation="destination-over";
            ctx.fillRect(50,50, 100, 100);
        }
        window.addEventListener("load", draw, false);
    </script>
</head>
<body>
    <canvas id="myCanvas" height=500 width=500>
        您的浏览器不支持 canvas。
    </canvas>
</body>
</html>
```

运行结果如图 8-17 所示。

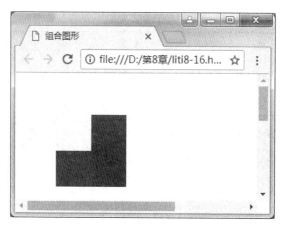

图 8-17 【例 8-16】运行结果

2. 绘制阴影

在绘制图形时，可以通过 Canvas 2D 渲染上下文对象的一组属性设置图形的阴影。与阴影设置相关的属性如表 8-6 所示。

表 8-6 与阴影设置相关的属性

属 性	具 体 描 述	属 性	具 体 描 述
shadowBlur	阴影的像素模糊值	shadowOffsetY	阴影在 y 轴上的偏移值
shadowOffsetX	阴影在 x 轴上的偏移值	shadowColor	阴影颜色值

【例 8-17】 绘制阴影。

```
<html>
<head>
    <meta charset="utf-8">
    <title>绘制带阴影的图形</title>
    <script type="text/javascript">
        function draw() {
            var ctx=document.getElementById('myCanvas').getContext('2d');
            ctx.fillStyle="blue";
            ctx.shadowBlur=20;
            ctx.shadowOffsetX=15;
            ctx.shadowOffsetY=15;
            ctx.shadowColor="black";
            ctx.fillRect(100,20,100,100);
        }
        window.addEventListener("load", draw, false);
    </script>
</head>
<body>
```

```
    <canvas id="myCanvas" height=500 width=500>
        您的浏览器不支持 canvas。
    </canvas>
</body>
</html>
```

运行结果如图 8-18 所示。

图 8-18　【例 8-17】运行结果

8.2　绘制可伸缩矢量图（SVG）

可缩放矢量图形是基于可扩展标记语言（标准通用标记语言的子集），用于描述二维矢量图形的一种图形格式。它由万维网联盟制定，是一个开放标准。

8.2.1　SVG 概述

1. SVG 的优势

* SVG 可被非常多的工具读取和修改（比如记事本）。
* SVG 与 JPEG 和 GIF 图像比起来，尺寸更小，且可压缩性更强。
* SVG 是可伸缩的。
* SVG 图像可在任何分辨率下被高质量地打印。
* SVG 可在图像质量不下降的情况下被放大。
* SVG 图像中的文本是可选的，同时也是可搜索的（很适合制作地图）。
* SVG 可以与 Java 技术一起运行。
* SVG 是开放的标准。
* SVG 文件是纯粹的 XML。

2. SVG 与 Canvas 的异同

① SVG 是在 XML 中描述二维图像的语言；而 Canvas 则在 JavaScript 程序中绘制二

维图像。

② 在 SVG 中，每一个绘制的图形都会被记录为一个对象，当 SVG 对象的属性变化时，浏览器会自动重画图形。

③ Canvas 图像是一个像素一个像素绘制的，一旦图像绘制完成，浏览器就会忘了它。如果图像的位置变化了，那么场景都要重画，包括被该图像覆盖的对象。

3. XML 基础

- 可扩展标记语言是一种很像超文本标记语言的标记语言。
- 它的设计宗旨是传输数据，而不是显示数据。
- 它的标签没有被预定义，需要自行定义标签。
- 它被设计为具有自我描述性。
- 它是 W3C 的推荐标准。

【例 8-18】 一个简单的 XML 文档。

```
<?xml version="1.0" encoding="gb2312" standalone="yes"?>
<!-- 这是一个 XML 文档的示例  -->
<AddressList>
    <Person>
        <Name> 小李 </Name>
        <Sex> 男 </Sex>
        <Age>23</Age>
        <Address> 北京市海淀区 </Address>
        <Mobile>1300XXXXXX</Mobile>
    </Person>
    <Person>
        <Name> 小张 </Name>
        <Sex> 女 </Sex>
        <Age>22</Age>
        <Address> 北京市西城区 </Address>
        <Mobile>1360XXXXXX</Mobile>
    </Person>
</AddressList >
```

4. 一个 SVG 实例

【例 8-19】 一个画圆的 SVG 文件，文件名为 liti8-19.svg，代码如下。

```
<?xml version="1.0" standalone="no"?>
<!DOCTYPE svg PUBLIC "-//W3C//DTD SVG 1.1//EN"
    "http://www.w3.org/Graphics/SVG/1.1/DTD/svg11.dtd">
<svg width="100%" height="100%" version="1.1" xmlns="http://www.
w3.org/2000/svg">
    <circle cx="150" cy="110" r="80" stroke="black" stroke-width="2"
fill="blue"/>
</svg>
```

运行结果如图 8-19 所示。

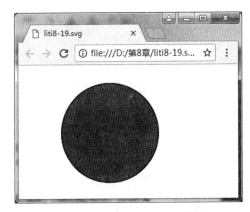

图 8-19　【例 8-19】运行结果

代码说明：

第 1 行是 XML 声明，standalone="no" 说明 SVG 文档会引用一个外部文件，就是后面指定的 http://www.w3.org/Graphics/SVG/1.1/DTD/svg11.dtd，svg11.dtd 中包含了所有允许的 SVG 元素。

SVG 代码从 <svg> 标签开始，以 </svg> 标签结束。

<circle> 标签用于定义一个圆。

cx 和 cy 指定圆的圆心坐标，r 指定圆的半径，stroke 属性指定边框颜色，stroke-width 属性指定边框宽度，fill 属性指定填充颜色。

提示：在 HTML5 中绘制 SVG 图形并不是设计 .svg 文件，然后再浏览器中查看，而是在网页中使用 SVG 标签和 API 绘图。本节只是通过实例让读者了解什么是 SVG。

5．SVG 坐标系统

在 HTML5 中绘制 SVG 图形时也需要指定坐标。SVG 使用的坐标系统与 Canvas 相同。

6．在 HTML5 中使用 SVG

可以通过下面 2 种方法在 HTML5 中使用 SVG：

嵌入 .svg 文件。可以使用 <embed> 标签在 HTML 文档中引用 .svg 文件，语法如下：

```
<embed src=".svg 文件 " width="SVG 宽度 " height="SVG 高度 " type="image/svg+xml" pluginspage="http://www.adobe.com/svg/viewer/install/" />
```

pluginspage 属性指定下载 SVG 插件的 URL。

【例 8-20】　嵌入 .svg 文件。

```
<HTML>
<HEAD><TITLE> 嵌入 .svg 文件 </TITLE></HEAD>
<BODY>
    <embed src="liti8-19.svg" width="100%" height="100%" type="image/svg+xml"
        pluginspage="http://www.adobe.com/svg/viewer/install/" />
</BODY>
</HTML>
```

【例 8-21】 直接在 HTML 文档中添加 SVG 定义代码。

```
<HTML>
<HEAD>
    <TITLE>直接在 HTML 文档中添加 SVG 定义代码</TITLE>
</HEAD>
<BODY>
    <svg width="100%" height="100%" version="1.1"
            xmlns="http://www.w3.org/2000/svg">
        <circle cx="150" cy="110" r="80" stroke="black" stroke-width="2" fill="blue"/>
    </svg>
</BODY>
</HTML>
```

8.2.2 SVG 绘图

1. 绘制直线段

在 SVG 代码中，可以使用 <line> 标签绘制直线，语法如下：

```
<line x1="x1 值 " y1="y1 值 " x2="x2 值 " y2="y2 值 " />
```

属性说明如下：

- x1 和 y1：为直线段起点的坐标。
- x2 和 y2：为直线段终点的坐标。

【例 8-22】 绘制直线段。

```
<HTML>
<HEAD>
    <TITLE>绘制直线段</TITLE>
</HEAD>
<BODY>
    <svg width="100%" height="100%" version="1.1"
            xmlns="http://www.w3.org/2000/svg">
        <line x1="50" y1="20" x2="200" y2="100" stroke="black"/>
    </svg>
</BODY>
</HTML>
```

其中，stroke 属性说明线条颜色。

提示：在 SVG 中线条色 stroke 属性的默认值是透明色，填充色 fill 属性的默认值是黑色。

运行结果如图 8-20 所示。

图 8-20　【例 8-22】运行结果

2. 绘制折线

在 SVG 代码中，可以使用 <polyline> 标签绘制由一组直线段构成的折线，具体语法如下：

```
<polyline points="x1,y1 x2,y2 … xn,yn"/>
```

points 属性指定折线中的转折点坐标。其中，x1,y1 为起点坐标；xn,yn 为终点坐标。

【例 8-23】　使用 <polyline> 标签绘制折线。

```
<HTML>
<HEAD><TITLE> 走势图 </TITLE></HEAD>
<BODY>
    <svg width="100%" height="100%" version="1.1"
            xmlns="http://www.w3.org/2000/svg">
        <polyline points="10,10 10,200 300,200 " stroke-width="2"
            fill="white" stroke="black"/>
        <polyline points="10,190 50,180 90,100 130,120 170,125 210,95 250,80 290,50"
            stroke-width="2" fill="white" stroke="red"/>
    </svg>
</BODY>
</HTML>
```

运行结果如图 8-21 所示。

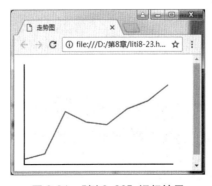

图 8-21　【例 8-23】运行结果

3. 绘制矩形

在 SVG 代码中，可以使用 <rect> 标签绘制矩形，具体语法如下：

```
<rect x=" 矩形左上角 x 坐标 " y=" 矩形左上角 y 坐标 " width=" 矩形的宽度 " height="
矩形的高度 " />
```

【例 8-24】 使用 < rect > 标签绘制矩形。

```
<HTML>
<HEAD><TITLE> 绘制矩形 </TITLE></HEAD>
<BODY>
    <svg width="100%" height="100%" version="1.1"
            xmlns="http://www.w3.org/2000/svg">
      <!-- 第一排砖 -->
      <rect x="50" y="50" width="80" height="30" />
      <rect x="132" y="50" width="80" height="30" />
      <rect x="214" y="50" width="80" height="30" />
      <!-- 第二排砖 -->
      <rect x="50" y="82" width="39" height="30" />
      <rect x="91" y="82" width="80" height="30" />
      <rect x="173" y="82" width="80" height="30" />
      <rect x="255" y="82" width="39" height="30" />
      <!-- 第三排砖 -->
      <rect x="50" y="114" width="80" height="30" />
      <rect x="132" y="114" width="80" height="30" />
      <rect x="214" y="114" width="80" height="30" />
    </svg>
</BODY>
</HTML>
```

运行结果如图 8-22 所示。

图 8-22 【例 8-24】运行结果

4. 绘制圆形

在 SVG 代码中，可以使用 <circle> 标签绘制圆形，具体语法如下：

```
<circle cx=" 圆心 x 坐标 " cy=" 圆心 y 坐标 " r=" 半径 " />
```

【例 8-25】　使用 <circle> 标签绘制圆形。

```
<HTML>
<HEAD><TITLE> 绘制圆形 </TITLE></HEAD>
<BODY>
    <svg width="100%" height="100%" version="1.1"
        xmlns="http://www.w3.org/2000/svg">
    <circle cx="100" cy="80" r="79" stroke="black" fill="white" stroke-
    width="2" />
    <circle cx="110" cy="80" r="67" stroke="black" fill="white" stroke-
    width="2" />
    <circle cx="120" cy="80" r="55" stroke="black" fill="white" stroke-
    width="2" />
    <circle cx="130" cy="80" r="43" stroke="black" fill="white" stroke-
    width="2" />
    <circle cx="140" cy="80" r="31" stroke="black" fill="white" stroke-
    width="2" />
    </svg>
</BODY>
</HTML>
```

运行结果如图 8-23 所示。

图 8-23　【例 8-25】运行结果

5. 绘制椭圆

在 SVG 代码中，可以使用 <ellipse> 标签绘制椭圆形，具体语法如下：

```
<ellipse cx="圆心x坐标" cy="圆心y坐标" rx="x轴半径" ry="y轴半径"/>
```

【例 8-26】 使用 <ellipse> 标签绘制椭圆。

```
<HTML>
<HEAD><TITLE>绘制椭圆</TITLE></HEAD>
<BODY>
    <svg width="100%" height="100%" version="1.1"
        xmlns="http://www.w3.org/2000/svg">
    <ellipse cx="100" cy="100" rx="50" ry="80" fill="green" stroke="black"/>
    <ellipse cx="150" cy="120" rx="40" ry="60" fill="green" stroke="black"/>
    <ellipse cx="70" cy="140" rx="30" ry="55" fill="green" stroke="black"/>
    <rect x="98" y="180" width="10" height="15" fill="brown" stroke="black"/>
    <rect x="147" y="180" width="8" height="10" fill="brown" stroke="black"/>
    <rect x="68" y="195" width="5" height="10" fill="brown" stroke="black"/>
    </svg>
</BODY>
</HTML>
```

运行结果如图 8-24 所示。

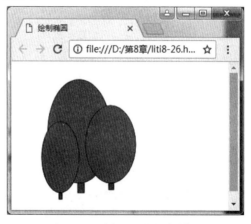

图 8-24 【例 8-26】运行结果

6. 绘制多边形

在 SVG 代码中，可以使用 < polygon> 标签绘制不少于三个边的多边形，具体语法如下：

```
< polygon points=" x1,y1 x2,y2 …… xn,yn "/>
```

参数含义和 <polyline> 相同。

【例 8-27】 绘制五角星。

```
<HTML>
<HEAD><TITLE>五角星</TITLE></HEAD>
<BODY>
```

```
    <svg width="100%" height="100%" version="1.1"
         xmlns="http://www.w3.org/2000/svg">
         <polygon points="40,40 120,40 50,90 80,10 110,90 " fill="red"
stroke="black"/>
      </svg>
  </BODY>
  </HTML>
```

运行结果如图 8-25 所示。

图 8-25　【例 8-27】运行结果

7．路径

路径代表一个可以被填充的形状的外形轮廓。可以想象我们是在一张纸上绘图，先将笔移动到图形的开始点，想好要画什么样的形状，继续描点，依次类推，完成绘画作品。使用 <path> 标签定义 SVG 路径，语法如下：

```
<path d=" 路径命令 "/>
```

表 8-7 所示为 SVG 的路径命令。

表 8-7　SVG 的路径命令

命令	命令格式	具　体　描　述
M	M X Y	移动至 (X,Y)
L	L X Y	画直线至 (X,Y)，起点为当前点
H	H X	画水平线。起点为当前点，终点的 X 坐标为参数 X，终点的 Y 坐标与当前点的 Y 坐标相同
V	V Y	画垂直线。起点为当前点，终点的 Y 坐标为参数 Y，终点的 X 坐标与当前点的 X 坐标相同
C	C X1 Y1 X2 Y2 ENDX ENDY	绘制曲线（三次方贝塞曲线曲线）
S	S X2 Y2 ENDX ENDY	绘制流畅曲线
Q	Q X Y ENDX ENDY	绘制二次贝塞曲线曲线
T	T ENDX, ENDY	绘制流畅二次贝塞曲线

续表

命令	命令格式	具 体 描 述
A	A RX,RY XROTATION FLAG1,FLAG2 X,Y	绘制椭圆弧，参数说明如下： RX,RY，椭圆的半轴大小 XROTATION，椭圆的 X 轴与水平方向得到顺时针方向夹角。可以想象成一个水平的椭圆绕中心点顺时针旋转 XROTATION 的角度。 FLAG1，只有两个值，1 表示大角度弧线，0 为小角度弧线。 FLAG2，只有两个值，确定从起点至终点的方向，1 为顺时针，0 为逆时针 X,Y，终点坐标
Z	Z	封闭绘图路径

【例 8-28】 用路径画一本书。

```
<HTML>
<HEAD><TITLE>BOOK</TITLE></HEAD>
<BODY>
    <svg width="100%" height="100%" version="1.1"
            xmlns="http://www.w3.org/2000/svg">
        <path stroke-width="2" stroke="black" fill="#ff5"
        d="M50 50
            Q125 30 150 60
            Q175 30 250 70
            L210 200
            M50 50 L10 180
            Q85 160 110 190
            Q135 160 210 200
            M150 60 L110 190 "
        />
    </svg>
</BODY>
</HTML>
```

运行结果如图 8-26 所示。

图 8-26 【例 8-28】运行结果

8.2.3 线条和填充

1. 设置线条的属性

（1）颜色

在 SVG 标签中，可以使用 stroke 属性指定线条的颜色。例如，下面的代码可以绘制一个蓝色边框的矩形：

```
<rect x="10" y="10" width="100" height="100" stroke="blue"/>
```

（2）透明度

在 SVG 标签中，可以使用 stroke-opacity 属性指定线条的透明度，其取值范围为 0~1，0 表示完全透明，1 表示不透明。例如，下面的代码可以绘制一个蓝色边框、透明度为 0.5 的矩形：

```
<rect x="10" y="10" width="100" height="100" stroke="blue" stroke-opacity=0.5/>
```

（3）宽度

在 SVG 标签中，可以使用 stroke-width 属性指定线条的宽度。例如，下面的代码可以绘制一个蓝色边框、线宽为 4 的矩形：

```
<rect x="10" y="10" width="100" height="100" stroke="blue" stroke-width="4"/>
```

（4）端点

在 SVG 标签中，可以使用 stroke-linecap 属性指定线条的端点样式。取值和效果与 canvas 中相同。

（5）交点

在 SVG 标签中，可以使用 stroke-linejoin 属性指定线条的交点样式。取值和效果与 canvas 中相同。

（6）制定线条的虚实

在 SVG 标签中，可以使用 stroke-dasharray 属性指定线条的虚实。stroke-dasharray 属性的值是一组由逗号隔开的整数，每个数字定义了实线段的长度，分别按照绘制、不绘制、绘制、不绘制……这个顺序排列。例如：stroke-dasharray="3,2" 定义了绘制线条时，先画 3 个单位的实线，然后留 2 个单位的空白，再画 3 个单位的实线，然后留 2 个单位的空白……依次类推。

【例 8-29】 设置线条的属性。

```
<HTML>
<HEAD>
    <TITLE>虚线边框</TITLE>
</HEAD>
<BODY>
```

```
<svg width="100%" height="100%" version="1.1"
        xmlns="http://www.w3.org/2000/svg">
    <circle cx="150" cy="110" r="80" stroke="black" stroke-width="2"
            stroke-dasharray="5,3" fill="white"/>
    <path d="M20 210 H300" stroke="black" stroke-width="5"
            stroke-dasharray="5,10,3"/>
    </svg>
</BODY>
</HTML>
```

运行结果如图 8-27 所示。

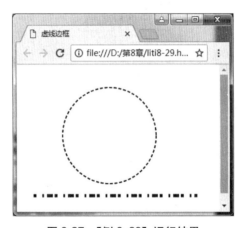

图 8-27 【例 8-29】运行结果

2. 填充

（1）颜色

在使用 SVG 绘制图形时，可以使用 fill 属性指定填充的颜色。如果不指定 fill 属性，则默认使用黑色填充。例如，下面的代码可以绘制一个填充色为蓝色的矩形：

```
<rect x="10" y="10" width="100" height="100" fill="blue"/>
```

（2）透明度

可以使用 fill-opacity 属性指定填充的透明度，其取值范围为 0~1，0 表示完全透明，1 表示不透明。例如，下面的代码可以绘制一个填充为蓝色、透明度为 0.5 的矩形：

```
<rect x="10" y="10" width="100" height="100" fill="blue"
fillopacity=0.5/>
```

8.2.4 文本与图片

1. text 元素

在 SVG 代码中，可以使用 text 元素输出文本。语法如下：

```
<text x="x坐标" y="y坐标" font-family="字体" font-size="字的大小"
text-anchor="坐标位置">输出文字</text>
```

属性说明：

- x 和 y，定义文本位置的坐标。
- text-anchor 定义 (x,y) 处于文本的相对位置，其属性的取值如表 8-8 所示。

表 8-8　text-anchor 属性的取值

属 性 值	具 体 描 述
start	表示文本位置坐标 (x,y) 位于文本的开始处，文本从这点开始向右挨个显示
middle	表示 (x,y) 位于文本中间处，文本向左右两个方向显示
end	表示 (x,y) 点位于文本结尾，文本向左挨个显示

【例 8-30】　使用 SVG 输出文本。

```
<HTML>
<HEAD><TITLE>使用 SVG 输出文本</TITLE></HEAD>
<BODY>
    <svg width="100%" height="100%" version="1.1"
         xmlns="http://www.w3.org/2000/svg">
        <text x="150" y="60" font-family="Arial Black" font-size="50"
             text-anchor="middle" fill="red">SVG文字</text>
    </svg>
</BODY>
</HTML>
```

运行结果如图 8-28 所示。

图 8-28　【例 8-30】运行结果

2. 文本区间

使用 tspan 元素可以定义一个文本区间，它通常出现在 text 元素中。用于渲染一个区间内的文本，也就是强调显示部分文本。

tspan 元素可以包含下面的属性：

- x 和 y，定义文本位置的坐标。
- dx 和 dy，用于设置包含的文本相对于默认的文本位置的偏移量。
- rotate，用于设置字体的旋转角度。这个属性可以包含一系列数字，应用到每个字符。没有对应设置的字符会使用最后设置的那个数字。

【例 8-31】 设置 SVG 文本区间的简单示例。

```
<HTML>
<HEAD><TITLE>强调显示的文本 </TITLE></HEAD>
<BODY>
    <svg width="100%" height="100%" version="1.1"
        xmlns="http://www.w3.org/2000/svg">
    <text x="150" y="60" font-family="Arial Black" font-size="50"
        text-anchor="middle" fill="red">SVG
        <tspan rotate="20 60" font-weight="bold" fill="blue">文字 </tspan>
    </text>
    </svg>
</BODY>
</HTML>
```

运行结果如图 8-29 所示。

图 8-29 【例 8-31】运行结果

3. 文本路径

可以使用 textPath 元素引用文本路径，即沿指定的路径输出文本。在 textPath 元素中使用 xlink:href 指定引用的路径（path 元素）。被引用的 path 元素必须定义 id 属性。

【例 8-32】 使用 SVG 文本路径的简单示例。

```
<HTML>
<HEAD><TITLE>使用 SVG 文本路径的简单示例 </TITLE></HEAD>
<BODY>
    <svg width="100%" height="100%" version="1.1"
        xmlns="http://www.w3.org/2000/svg">
    <path id="my_path" d="M 20,110 Q80 10 140 140 Q220 240 320 70"
        style="fill:transparent;stroke:transparent" />
```

```
        <text>
            <textPath xlink:href="#my_path">SVG 绘制可伸缩矢量图形 SVG 绘制
            可伸缩矢量图形 SVG 绘制可伸缩矢量图形
            </textPath>
        </text>
    </svg>
</BODY>
</HTML>
```

运行结果如图 8-30 所示。

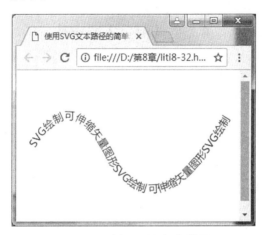

图 8-30 【例 8-32】运行结果

4. SVG 图片

在 SVG 中，可以使用 image 元素显示图片。image 元素的属性如表 8-9 所示。

表 8-9 image 元素的属性

属　　性	具　体　描　述	属　　性	具　体　描　述
x,y	表示图片位置	height	图片的高度
xlink:href	指定图片的链接	width	图片的宽度

【例 8-33】 使用 SVG 显示图片的简单示例。

```
<HTML>
<HEAD><TITLE> 使用 SVG 显示图片的简单示例 </TITLE></HEAD>
<BODY>
    <svg width="100%" height="100%" version="1.1"
            xmlns="http://www.w3.org/2000/svg">
        <image x="50" y="20" xlink:href ="tree.jpg" height ="100" width ="200" />
    </svg>
</BODY>
</HTML>
```

运行结果如图 8-31 所示。

图 8-31 【例 8-33】运行结果

8.2.5 滤镜

1. 定义滤镜

可以使用 <filter> 标签定义滤镜，基本用法法如下：

```
<defs>
   <filter id="…">
      <滤镜类型 属性列表 />
   </filter>
</defs>
```

参数说明如下：

- <defs> 标签是 definitions 的简写，表示允许特殊标签的定义。SVG 滤镜必须在 <defs> 标签里定义。
- <filter> 标签用于定义滤镜，id 指定滤镜的唯一标识。在图形或图像中通过 id 应用此滤镜。
- 滤镜类型用来设置滤镜的效果。

SVG 支持的滤镜类型如表 8-10 所示。

表 8-10 SVG 支持的滤镜类型

滤 镜 类 型	具 体 描 述
feBlend	使用不同的混合模式把两个对象合成在一起
feColorMatrix	应用 matrix 转换
feComponentTransfer	执行数据的 component-wise 重映射
feComposite	反射光源的结果与原始来源圆形结合
feConvolveMatrix	矩阵卷积效果
feDiffuseLighting	调整图像等的光照

滤 镜 类 型	具 体 描 述
feDisplacementMap	图像间的像素移动
feFlood	使用不同的混合模式把两个对象合成在一起
feGaussianBlur	对图像执行高斯模糊
feImage	指定外部图像作为原始图像的一部分应用滤镜
feMerge	创建累积而上的图像
feMorphology	对源图形执行 "fattening" 或者 "thinning"
feOffset	相对于图形的当前位置来移动图像
feSpecularLighting	调整图像等的光照
feTile	使用指定图像以平铺方式填充一个矩形
feTurbulence	基于 Perlin 噪声函数创建一个图像
feDistantLight	定义远光源
fePointLight	定义点光源
feSpotLight	定义聚光灯光源

2. 应用滤镜

在图形和图像元素中，可以在 style 属性中使用 filter:url(# 滤镜 id)" 应用指定的滤镜。

【例 8-34】 在图像元素中应用高斯滤镜的示例。

```
<HTML>
<HEAD><TITLE> 滤镜 </TITLE></HEAD>
<BODY>
    <svg width="100%" height="100%" version="1.1"
            xmlns="http://www.w3.org/2000/svg">
        <defs>
            <filter id="Gaussian_Blur">
                <feGaussianBlur in="SourceGraphic" stdDeviation="5"/>
            </filter>
        </defs>
        <image x="10" y="10" xlink:href ="tree.jpg" height ="200" width ="300"
                style="filter:url(#Gaussian_Blur)"/>
    </svg>
</BODY>
</HTML>
```

运行结果如图 8-32 所示。

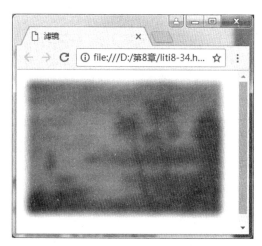

图 8-32 【例 8-34】运行结果

8.2.6 渐变颜色

1. 线性渐变

线性渐变也就是颜色沿一条直线进行渐变。可以使用 <linearGradient> 定义 SVG 的线性渐变，语法如下：

```
<linearGradient id=" 渐变 id" x1=" 起点 x 坐标 " y1=" 起点 y 坐标 " x2=" 终点 x 坐标 " y2=" 终点 y 坐标 ">
```

<linearGradient> 标签中并不包含渐变颜色的信息。需要使用 <stop> 标签定义，语法如下：

```
<stop offset=" 位置百分比 " style="stop-color:rgb(255,0,0);stop-opacity:1"/>
```

【例 8-35】 设置线性渐变颜色。

```
<HTML>
<HEAD><TITLE> 线性渐变颜色 </TITLE></HEAD>
<BODY>
    <svg width="100%" height="100%" version="1.1"
            xmlns="http://www.w3.org/2000/svg">
    <defs>
        <linearGradient id="lg" x1="30%" y1="0%" x2="100%" y2="0%">
            <stop offset="0%" style="stop-color:black;stop-opacity:1"/>
            <stop offset="100%" style="stop-color:blue;stop-opacity:1"/>
        </linearGradient>
    </defs>
    <ellipse cx="150" cy="100" rx="75" ry="85" fill="url(#lg)"/>
    </svg>
```

```
</BODY>
</HTML>
```

运行结果如图 8-33 所示。

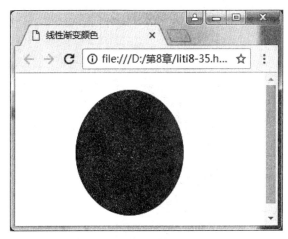

图 8-33　【例 8-35】运行结果

2.　放射性渐变

放射性渐变也就是颜色沿一个圆进行发散性渐变。可以使用 <radialGradient> 标签定义 SVG 的放射性渐变，语法如下：

```
< radialGradient id="渐变 id" cx="…" cy="…" r="…" fx="…" fy="…" >
```

放射性渐变需要定义两个圆分别表示颜色变化的起始和终止范围。cx、cy 和 r 属性定义外圈，而 fx 和 fy 定义内圈。

【例 8-36】　设置放射性渐变色。

```
<HTML>
<HEAD><TITLE>放射性渐变色</TITLE></HEAD>
<BODY>
    <svg width="100%" height="100%" version="1.1"
            xmlns="http://www.w3.org/2000/svg">
    <defs>
        <radialGradient id="rg" cx="50%" cy="50%" r="50%" fx="50%" fy="50%">
            <stop offset="0%" style="stop-color:white;stop-opacity:0.5"/>
            <stop offset="100%" style="stop-color:red;stop-opacity:1"/>
        </radialGradient>
    </defs>
    <circle cx="150" cy="100" r="90" fill="url(#rg)"/>
</svg>
```

```
</BODY>
</HTML>
```

运行结果如图 8-34 所示。

图 8-34 【例 8-36】运行结果

8.2.7 变换坐标系

1. 视窗变换——viewBox 属性

SVG 存在两套坐标系统，即视窗坐标系统与用户坐标系统。默认情况下，两个坐标系统的点一一对应。

使用 viewBox 属性可以调整 SVG 图形在视窗中的显示范围、大小。语法如下：

```
viewBox="x0  y0  u_width  u_height"
```

参数说明如下：
- x0，y0 是指定把用户的 (x0,y0) 坐标作为视窗坐标原点。
- 使用 viewBox 属性后，绘制图形的宽和高的缩放比例分别为 u_width/width 和 u_height /height。

【例 8-37】 使用 viewBox 属性的示例。

```
<HTML>
<HEAD><TITLE> 视窗 </TITLE></HEAD>
<BODY>
    <svg width="200" height="200" viewBox="0 0 100 200">
        <rect x="0" y="0" width="200" height="200" fill="Red" />
    </svg>
</BODY>
</HTML>
```

程序中图形的宽度被压缩了，运行结果如图 8-35 所示。

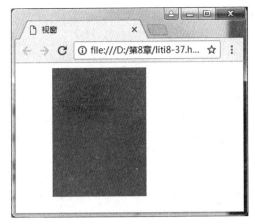

图 8-35 【例 8-37】运行结果

2. 用户坐标系的变换——transform 属性

使用 transform 属性可以对用户坐标系进行变换，语法如下：

```
<svg 元素  transform=" 变换操作 "/>
```

变换操作包括平移、旋转、倾斜和缩放等，下面分别介绍具体情况。

（1）平移

使用 translate 属性可以平移指定的 svg 元素，语法如下：

```
<svg 元素  transform="translate(x 轴平移量 ,y 轴平移量 )"/>
```

（2）旋转

使用 rotate 属性可以旋转指定的 svg 元素，语法如下：

```
<svg 元素  transform="rotate ( 旋转的角度 )"/>
```

（3）倾斜

使用 skewX 属性可以沿 x 轴倾斜指定的 svg 元素，语法如下：

```
<svg 元素  transform="skewX( 倾斜的角度 )"/>
```

如果倾斜的角度为正则向右倾斜，否则向左倾斜。

使用 skewY 属性可以沿 y 轴倾斜指定的 svg 元素，语法如下：

```
<svg 元素  transform="skewY( 倾斜的角度 )"/>
```

如果倾斜的角度为正则向下倾斜，否则向上倾斜。

（4）缩放

使用 scale 属性可以缩放指定的 svg 元素，语法如下：

```
<svg 元素  transform="scale( 缩放的系数 )"/>
```

【例 8-38】 svg 元素的变换。

```
<HTML>
<HEAD><TITLE> 平移 </TITLE></HEAD>
<BODY>
    <svg width="500" height="500">
       <rect x="50" y="50" width="150" height="80" fill="red" />
       <rect x="50" y="50" width="150" height="80"  fill="blue"
             transform="translate(50,25) rotate(35) scale(1.5)"/>
       <rect x="50" y="50" width="150" height="80" fill="yellow"
             transform="translate(30,50) skewX(25)" />
    </svg>
</BODY>
</HTML>
```

运行结果如图 8-36 所示。

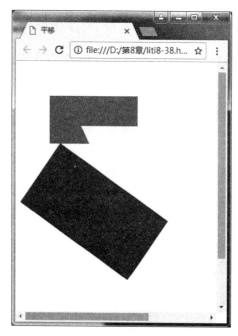

图 8-36 【例 8-38】运行结果

8.3 实训项目

项目一

① 项目要求：绘制五星红旗。

② 项目说明：绘制五星红旗需要大家了解我们的国旗的尺寸比例。五角星的大小比例。还有小五角星有一个角是要对准大五角星的，所以需要旋转不同的角度来实现。大家可以试着用不同的方法来实现。

③ 运行结果如图 8-37 所示。

图 8-37　项目一运行结果

项目二

① 项目要求：用 SVG 绘制一张笑脸。

② 项目说明：用 SVG 来绘制表情图，既简单又好玩儿，我们的项目要求大家用 SVG 绘制笑脸，其中可以用到绘制圆、椭圆、曲线的方法。大家有没有兴趣再绘制一些其他表情呢？

③ 运行结果如图 8-38 所示。

图 8-38　项目二运行结果

练 习 题

1．单选题

（1）关于 Canvas 坐标系统下面的说法错误的是（　　）。

    A．Canvas 使用二维坐标系统，即有 X 轴、Y 轴两个坐标轴

    B．默认情况下，坐标轴原点位于窗口客户区的左下角，X 轴向右为正方向，Y 轴向上为正方向

    C．Canvas 坐标系统的度量单位为像素

    D．Canvas 坐标系统有 X 轴和 Y 轴两个坐标轴

（2）可以使用（　　）标签在 HTML 文档中引用 .svg 文件。

    A．<svg>　　　　B．<embed>　　　C．<js>　　　　D．<image>

（3）在 SVG 代码中，使用（　　）标签绘制由一组直线构成的折线。

    A．<line>　　　　B．<lineto>　　　C．<polyline>　　D．<moveto>

（4）在 SVG 代码中，使用（　　）标签绘制圆形。

    A．<ellipse>　　　B．<arc>　　　　C．<circle>　　　D．<polygon>

2．填空题

（1）SVG 是 Scalable Vector Graphics 的缩写，即 _____ ，它使用 XML 格式在 Web 上定义基于矢量的图形。

（2）SVG 代码中可以使用 _____ 标签来绘制矩形。

（3）SVG 标签中可以使用 _____ 属性指定线条的虚实。

（4）使用 Canvas 绘图，可以调用 _____ 方法绘制直线。

（5）使用 Canvas 绘图，可以调用 _____ 方法画圆。

（6）使用 Canvas 绘图，可以调用 _____ 方法定义透明颜色。

（7）使用 Canvas 绘图，使用 _____ 方法输出中空文字。

（8）使用 Canvas 绘图，使用 _____ 方法输出带有内部填充的文字。

3．简答题

试述 SVG 与 Canvas 的异同。

附 录

HTML5 常用标签

标签名称	具 体 描 述
<!--...-->	定义注释
<!DOCTYPE>	定义文档类型
<a>	定义超链接
<abbr>	定义缩写。
<address>	定义地址元素
<area>	定义图像映射中的区域
<article>	定义 article
<aside>	定义页面内容之外的内容
<audio>	定义声音内容
<b>	定义粗体文本
<base>	定义页面中所有链接的基准 URL
<bdi>	定义文本的文本方向，使其脱离其周围文本的方向设置
<bdo>	定义文本显示的方向
<blockquote>	定义长的引用
<body>	定义 body 元素
 	插入换行符
<button>	定义按钮

续表

标签名称	具 体 描 述
\<canvas\>	定义图形
\<caption\>	定义表格标题
\<cite\>	定义引用
\<code\>	定义计算机代码文本
\<col\>	定义表格列的属性
\<colgroup\>	定义表格列的分组
\<command\>	定义命令按钮
\<datalist\>	定义下拉列表
\<dd\>	定义的描述
\<del\>	定义删除文本
\<details\>	定义元素的细节
\<dfn\>	定义项目
\<div\>	定义文档中的一个部分
\<dl\>	定义列表
\<dt\>	定义的项目
\<em\>	定义强调文本
\<embed\>	定义外部交互内容或插件
\<fieldset\>	定义 fieldset
\<figcaption\>	定义 figure 元素的标题
\<figure\>	定义媒介内容的分组，以及它们的标题
\<footer\>	定义 section 或 page 的页脚
\<form\>	定义表单
\<h1\> to \<h6\>	定义标题 1 到标题 6
\<head\>	定义关于文档的信息
\<header\>	定义 section 或 page 的页眉
\<hgroup\>	定义有关文档中的 section 的信息
\<hr\>	定义水平线
\<html\>	定义 html 文档
\<i\>	定义斜体文本

标签名称	具　体　描　述
<iframe>	定义行内的子窗口（框架）
<img>	定义图像
<input>	定义输入域
<ins>	定义插入文本
<keygen>	定义生成密钥
<kbd>	定义键盘文本
<label>	定义表单控件的标注
<legend>	定义 fieldset 中的标题
<li>	定义列表的项目
<link>	定义资源引用
<map>	定义图像映射
<mark>	定义有记号的文本
<menu>	定义菜单列表
<meta>	定义元信息
<meter>	定义预定义范围内的度量
<nav>	定义导航链接
<noscript>	定义 noscript 部分
<object>	定义嵌入对象
<ol>	定义有序列表
<optgroup>	定义选项组
<option>	定义下拉列表中的选项
<output>	定义输出的一些类型
<p>	定义段落
<param>	为对象定义参数
<pre>	定义预格式化文本
<progress>	定义任何类型的任务的进度
<q>	定义短的引用
<rp>	定义若浏览器不支持 ruby 元素显示的内容
<rt>	定义 ruby 注释的解释
<ruby>	定义 ruby 注释
<samp>	定义样本计算机代码

续表

标签名称	具 体 描 述
<script>	定义脚本
<section>	定义 section
<select>	定义可选列表
<small>	将旁注 (side comments) 呈现为小型文本
<source>	定义媒介源
<span>	定义文档中的 section
<strong>	定义强调文本
<style>	定义样式定义
<sub>	定义下标文本
<summary>	定义 details 元素的标题
<sup>	定义上标文本
<table>	定义表格
<tbody>	定义表格的主体
<td>	定义表格单元
<textarea>	定义 textarea
<tfoot>	定义表格的脚注
<th>	定义表头
<thead>	定义表头
<time>	定义日期 / 时间
<title>	定义文档的标题
<tr>	定义表格行
<track>	定义用在媒体播放器中的文本轨道
<ul>	定义无序列表
<var>	定义变量
<video>	定义视频